超详解
猫咪玩偶编织技法

〔日〕真道美惠子　著
项晓笈　译

河南科学技术出版社
· 郑州 ·

目　录

p.4　前言

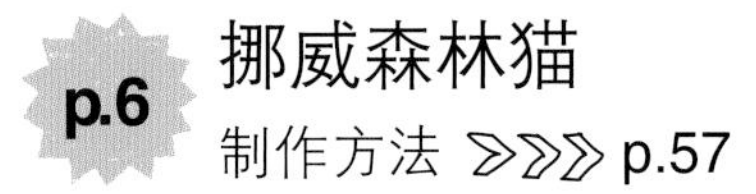

p.6　挪威森林猫
制作方法 ≫≫≫ p.57

p.12　虎斑猫
制作方法 ≫≫≫ p.52

p.9　英国短毛猫
制作方法 ≫≫≫ p.61

p.16　布偶猫
制作方法 ≫≫≫ p.62

p.11　曼德勒猫
制作方法 ≫≫≫ p.70

p.18　三花猫（猫妈妈）
制作方法 ≫≫≫ p.64

三花猫（猫宝宝）
制作方法 ≫≫≫ p.66

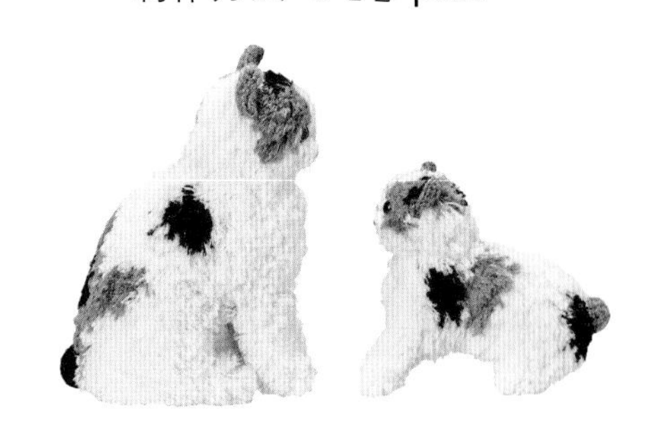

p.25 美国短毛猫
制作方法 ≫≫≫ p.74

p.31 索马里猫
制作方法 ≫≫≫ p.89

p.27 波斯猫（猫妈妈）
制作方法 ≫≫≫ p.78

波斯猫（猫宝宝）
制作方法 ≫≫≫ p.82

p.28 八字奶牛猫
制作方法 ≫≫≫ p.85

p.34 工具与材料

p.35 猫咪玩偶的制作步骤

p.52 作品的制作方法

p.94 钩针编织符号

前言

猫咪有一种特有的魅力。它们天性喜欢自由，喜欢独处；却又在和我们的相处中，不经意间产生了互相依赖的联系。抚摸着它们毛茸茸的、柔软的身体，一颗心很快就能安静下来。它们只要在那里，就可以治愈我们的心灵，真是一种不可思议的生物。

要是用编织的技法制作出这样的猫咪玩偶，能够表现它们独特的吸引力，那该有多好。抱着这样的想法，我开始了设计和制作。

像猫咪那样圆润柔软的身体，各式各样的毛色和花纹，迷人深邃的眼神……这一切的呈现远比想象的要困难许多。在制作的过程中，我也得到了很多猫咪喜爱者的帮助。猫咪的身形和《超详解可爱的狗狗玩偶编织技法》中的狗狗不太一样。我结合大家反馈的意见不断修改，终于完成了12种猫咪玩偶。

大家可以先从猫咪宝宝的制作开始尝试，再制作较大的猫咪玩偶，就会比较容易上手。如果这本书的存在能够让你感受到温暖的治愈，那将会是我莫大的荣幸。

最后，在本书的完成过程中，我得到了许多人的帮助，在此向各位表示衷心的感谢！特别需要感谢向我传道授业的广濑光治老师。

真道美惠子

挪威森林猫

它是挪威特有的长毛猫种，有大大的身体和厚密的被毛，相当稳重气派。有着圆圆的眼睛和明显的眼线，显得温柔美丽。

制作方法 ≫≫≫ p.57

曼德勒猫

它有着漆黑的毛发，密实柔软。曼德勒猫是一种短毛猫，因此制作时不需要植毛，只需要使用毛刷直接在织物上刮绒即可。

制作方法 ≫≫≫ p.70

虎斑猫

虎斑猫有着帅气的老虎斑纹，是在日本很受欢迎的杂交品种猫。使用茶色、米色和黑色系的毛线植毛，能够展现细致的条纹，完成的作品也更加真实细腻。

制作方法≫≫≫ p.52

曼德勒猫

介绍 ≫≫≫ p.11
制作方法≫≫≫ p.70

挪威森林猫
介绍 ≫≫ p.6
制作方法 ≫≫ p.57

索马里猫
介绍 ≫≫ p.31
制作方法 ≫≫ p.89

布偶猫

布偶猫的毛发特别柔软。灰蓝色的眼睛是用透明眼睛配件上色后来呈现的。它体形较大，但性格却温顺友善；体形圆润，有满满的治愈感。

制作方法 ≫≫≫ p.62

三花猫

三花猫妈妈和宝宝在一起时，全身都散发着强烈的母爱。三花猫身上的花纹可以多种多样，试着按照自己的喜好来制作吧。

制作方法≫≫≫ p.64（猫妈妈）、p.66（猫宝宝）

波斯猫（猫妈妈）

介绍 ⋙ p.27
制作方法 ⋙ p.78

八字奶牛猫

介绍 >>> p.28
制作方法 >>> p.85

Macmillan
HOLY BIBLE
MORE THAN SOMEWHAT
Union

美国短毛猫

猫如其名，这是来自美国的短毛猫的统称。全身美丽的大理石花纹，粗短可爱的腿，都是它的关键特征。

制作方法≫≫≫ p.74

制作方法 ≫≫≫ p.82（猫宝宝）

波斯猫

如果要说能代表长毛猫的王者，那一定非波斯猫莫属。使用白色毛线密密实实地植毛，能更突出它扁平面部的可爱。

制作方法 ≫≫≫ p.78（猫妈妈）

八字奶牛猫

黑白双色的八字脸猫咪，揣着前腿蹲坐着，安静沉稳。前腿可以随意弯折，摆出不同的姿势。

制作方法⪢⪢⪢ p.85

在叫我？

索马里猫

索马里猫以又厚又长的被毛闻名。清晰可见的眼线、脖颈处靓丽的白色毛发、浓密粗大的尾巴，都是制作时要注意的特征。

制作方法≫≫≫ p.89

波斯猫（猫宝宝）

介绍 ⋙ p.27
制作方法 ⋙ p.82

三花猫（猫宝宝）

介绍 ≫≫≫ p.18
制作方法 ≫≫≫ p.66

工具与材料

这里介绍需要准备的工具和材料。

工具

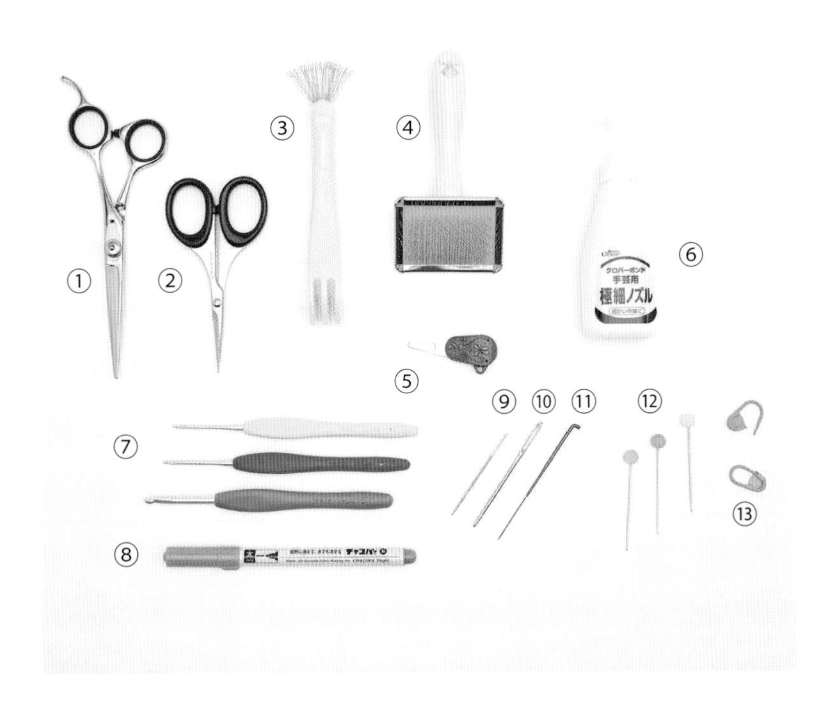

①**修剪剪刀**/用于修剪植毛完成后的毛线。

②**剪线剪刀**/用于剪断毛线。

③**羊毛毡梳毛工具**/用于压住眼睛周围等比较细致部位的毛线。

④**毛刷**/通常用于宠物保养护理，在本书中用于拆散植毛完成后的毛线。

⑤**毛线针穿针器**/用于给毛线针穿线。

⑥**手工胶**/用来粘贴胡须和眼睛，搭配细嘴瓶更好用。

⑦**钩针**/用于钩织玩偶的基础部分（3/0号、4/0号、7/0号、7.5/0号）。

⑧**水消笔**/用于标记植毛的位置。笔迹会自然消去，也可以用水消除。

⑨**毛线缝针**（细）/用于制作面部。

⑩**毛线缝针**（粗）/用于缝合基础部分。

⑪**羊毛毡戳针**/通常用于制作羊毛毡，本书中用来戳刺固定毛线、整理毛发形状等。

⑫**固定珠针**/编织时用的珠针，在缝合各部分时起固定作用。

⑬**计数环**/钩织基础部分时使用，用于记录行数。

材料

①**定形线**/包在玩偶的腿部或耳朵上再钩织，帮助弯曲造型。

②**胡须**（透明、黑色：0.7mm）/作为猫咪的胡须。

③**填充棉**/用于填充玩偶内部。

④**毛线**/和麻纳卡 MOHAIR（右）、Piccolo（左），本书中使用2~4股线。

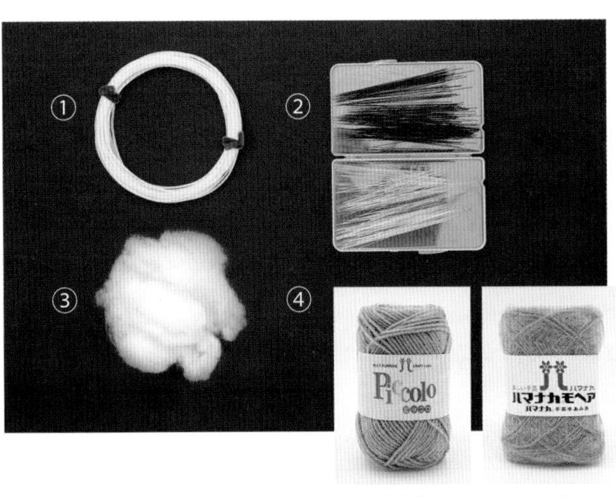

38号　　92号

配件（面部）

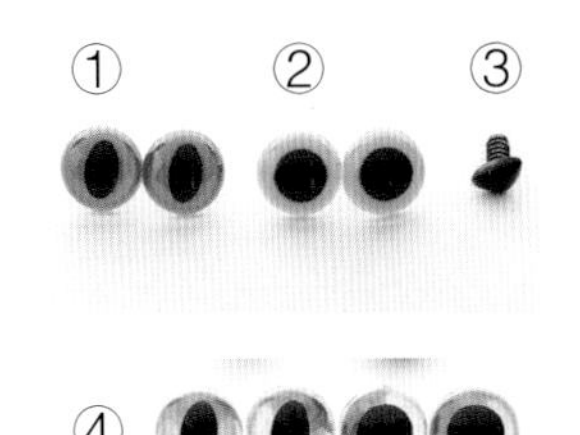

①**猫咪眼睛**/本书中使用15mm、18mm的。

②**水晶眼睛**/本书中使用18mm的。

③**玩偶鼻子**（三角形：12mm）/用于制作曼德勒猫（p.10）的鼻子。

④**透明眼睛**/本书中使用15mm的水晶眼睛上色。

透明眼睛的上色方法

当玩偶眼睛中没有喜欢的颜色时，透明眼睛就非常好用了。只需要在透明部分的背面涂上自己喜欢的颜色即可。推荐使用指甲油或颜色丰富的丙烯颜料来涂色。

猫咪玩偶的制作步骤

这里介绍猫咪玩偶的基本制作方法。不同玩偶的基础部分的钩织和组合方法各有不同，具体制作的细节和编织图解请参照从p.52开始的“作品的制作方法”。

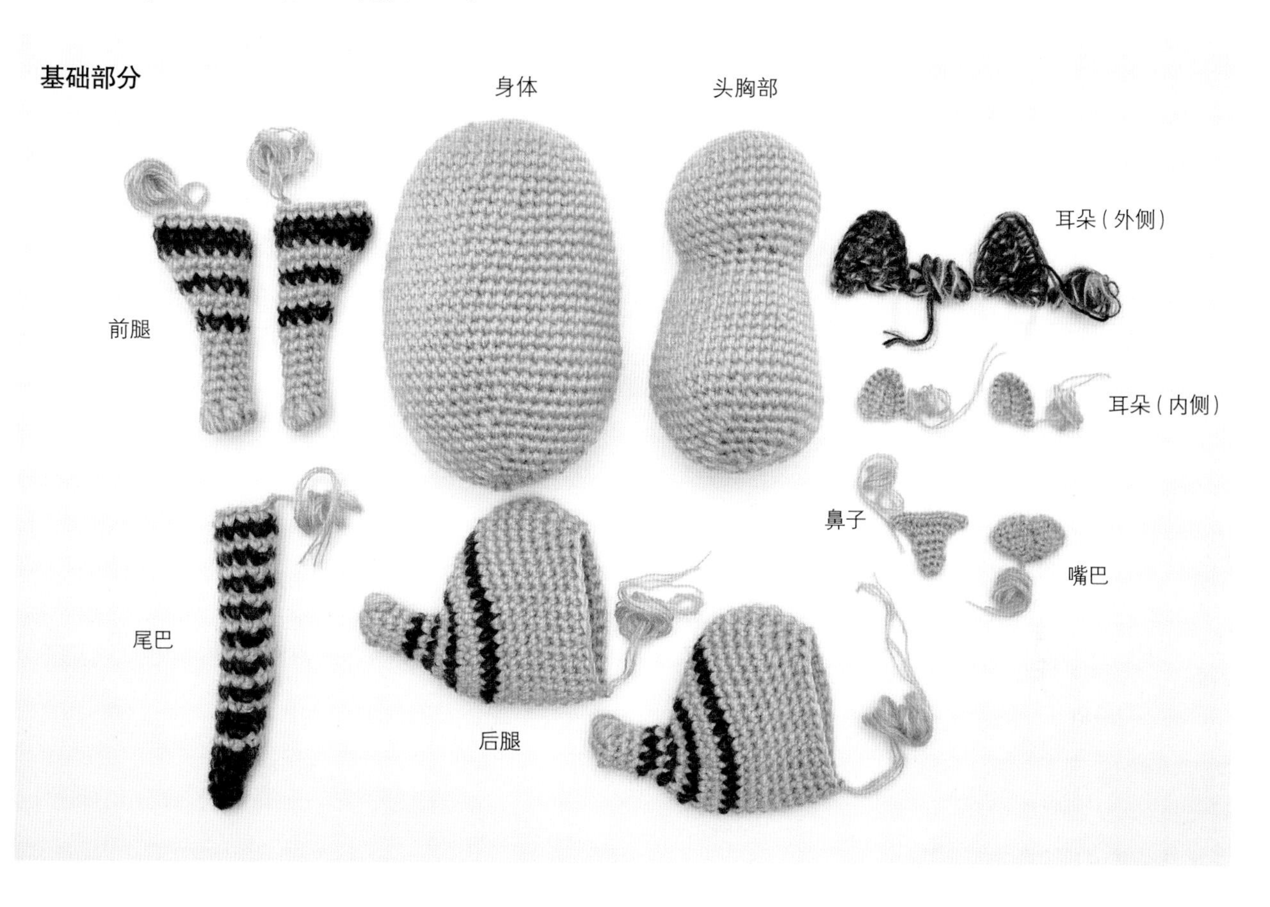

猫咪玩偶的制作顺序

①按照每个作品的“钩织图解”钩织各基础部分。各部分钩织完成后都需要留出30cm左右长的毛线后再断线。
②身体、头胸部、嘴巴各部分塞入填充棉。
③缝合身体和头胸部。
④在缝合前腿位置的正中间固定定形线。缠绕毛线和填充棉，整理形状。
⑤套上前腿缝合。
⑥后腿细窄的部分塞入填充棉，与身体缝合。曼德勒猫的后腿也需要加入定形线。
⑦用和前腿同样的方法缝合尾巴。
⑧缝合嘴巴。
⑨将鼻尖缝合在嘴巴上方，缝合鼻子两侧和靠近额头一侧（眼睛上方不缝合）。使用珠针将耳朵固定在指定位置，用线把耳朵缝在头上。
⑩使用水消笔在钩织的基础部分画出颜色不同的植毛位置（仅限有具体要求的猫种）。
⑪使用毛线植毛。不需要植毛的部分，可以使用毛刷直接刮绒。
⑫使用羊毛毡戳针戳刺植毛的根部，固定毛线。
⑬植毛完成后，使用毛刷拆散毛线，再用剪刀将其修剪成喜欢的形状。
⑭重复使用毛刷拆散毛线、剪刀修剪，再使用羊毛毡戳针戳刺整形。
⑮在鼻子、嘴巴、眼睛周围使用毛线刺绣（将毛线拆散，使用羊毛毡戳针戳刺固定也可以）。
⑯把眼睛、鼻子（曼德勒猫）安装在合适的位置，使用手工胶粘贴。
⑰使用手工胶粘贴胡须。
※粘贴前先将胡须捋成弯弯的形状

1 各基础部分的钩织方法

基于虎斑猫（p.52）的制作方法，结合基本的钩织方法，分别介绍各基础部分的钩织方法。

钩织前的准备

取用线材

使用4股线（Piccolo2股、MOHAIR2股），对齐卷成团。耳朵（内侧）、嘴巴、鼻子使用2股线（Piccolo1股、MOHAIR1股）。

确定钩织密度

10cm×10cm的正方形内有13针、15行（使用7.5/0号钩针）。

10cm×10cm的正方形内有14针、16行（使用7/0号钩针）。
※钩织猫宝宝

绕线环起针

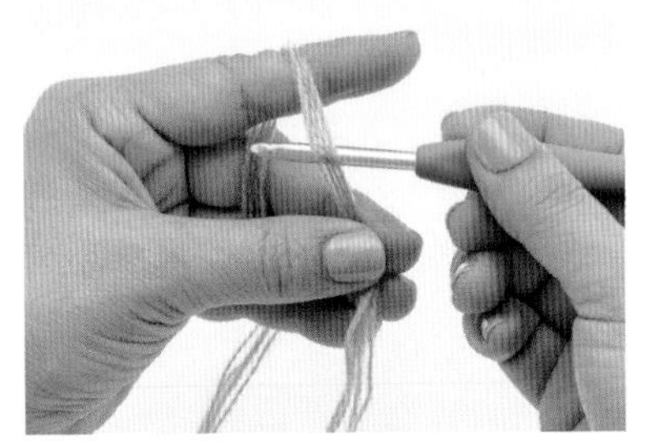

01 钩针放在毛线后方，按逆时针方向向面前绕一圈。

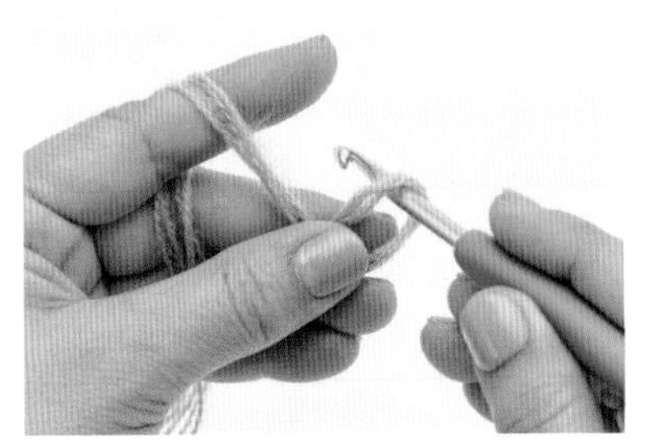

02 毛线套在钩针上，形成线环。

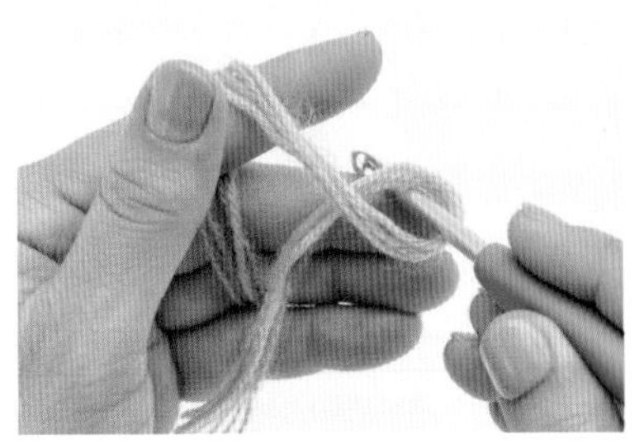

03 毛线在左手拇指压住的位置如图所示交叉。

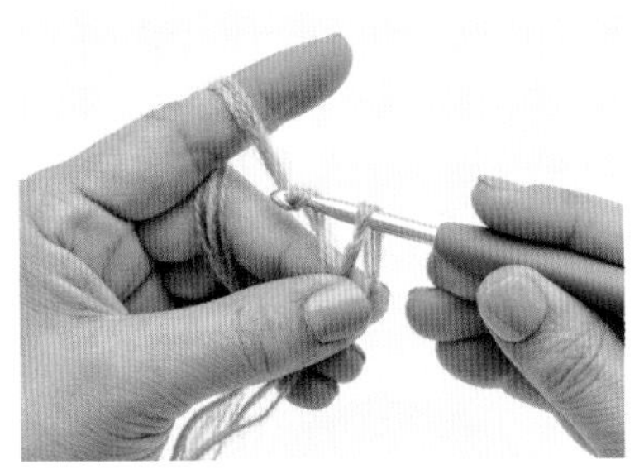

04 钩针挂线，向线环内引拔。

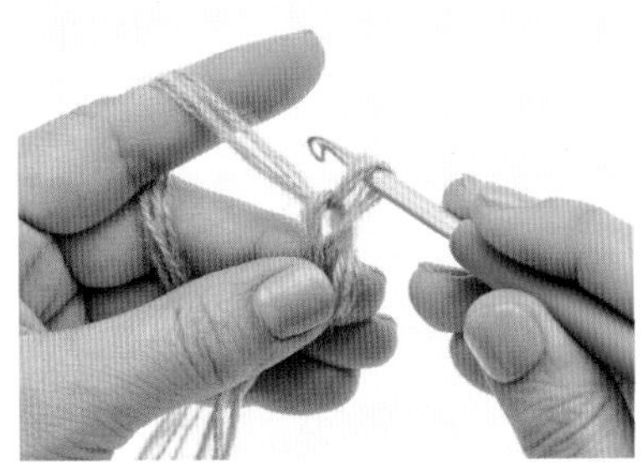

05 引拔完成。

在线环上钩织第1行（×＝短针）

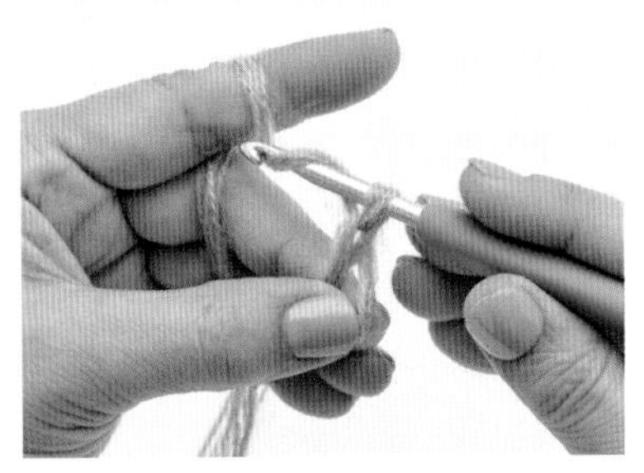

01 钩针挂线，再一次引拔（锁针）。

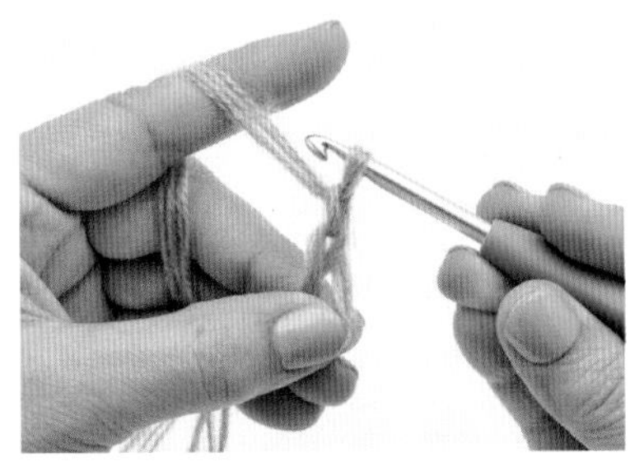

02 完成第1行的立织锁针。

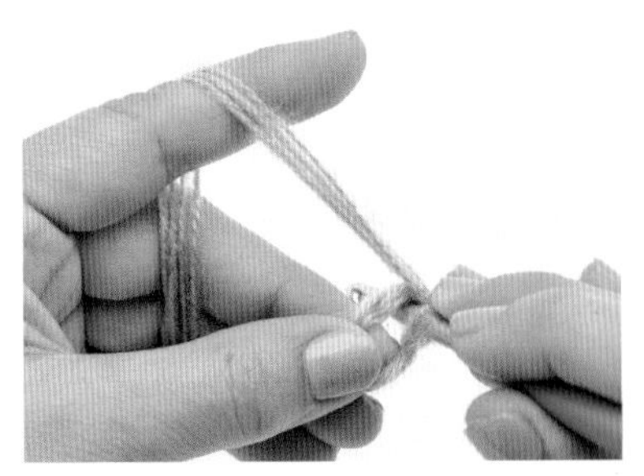

03 钩针插入线环，包住钩织开始处的线头。

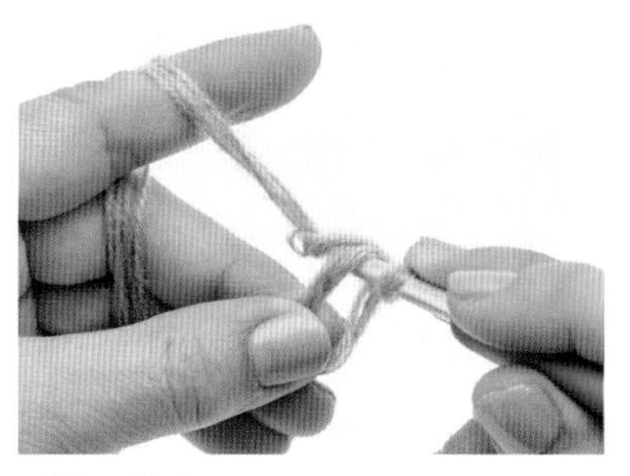

04 挂线引拔。

05 现在钩针上有2个线圈。

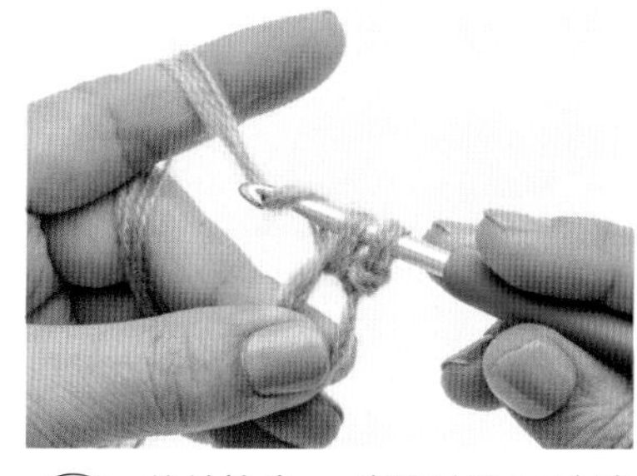

06 钩针挂线，一次钩过针上2个线圈。

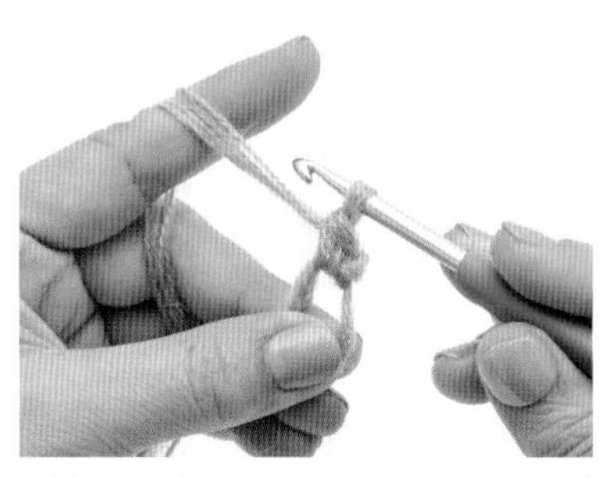

07 完成第1针短针。

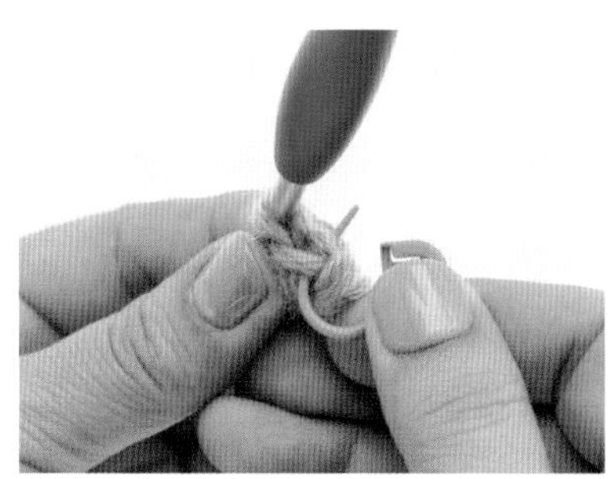

08 在第1行第1针的短针针目上挂计数环，作为第2行钩织开始的标记。

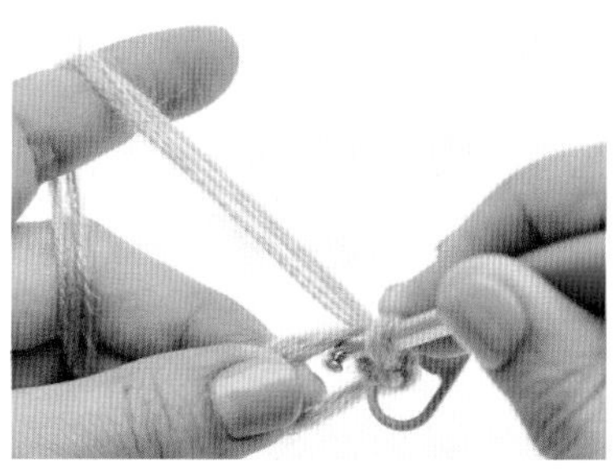

09 按步骤⓷～⓻的方法重复7次，共钩8针短针。

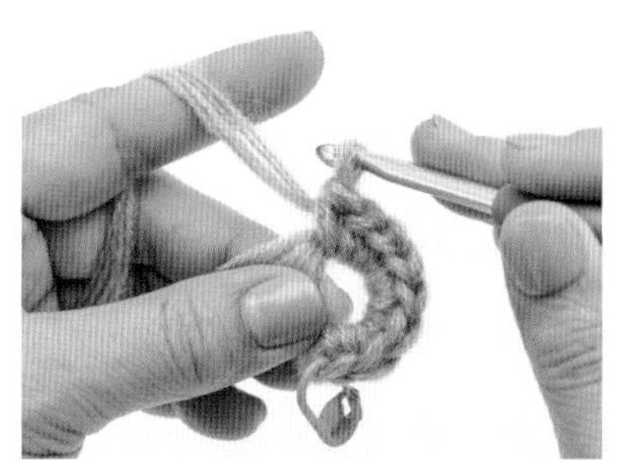

10 完成第1行的8针短针。

11 暂时把钩针从线环中抽出，手指捏住钩织完成部分，用力拉线头。

12 抽紧线环，形成环形。

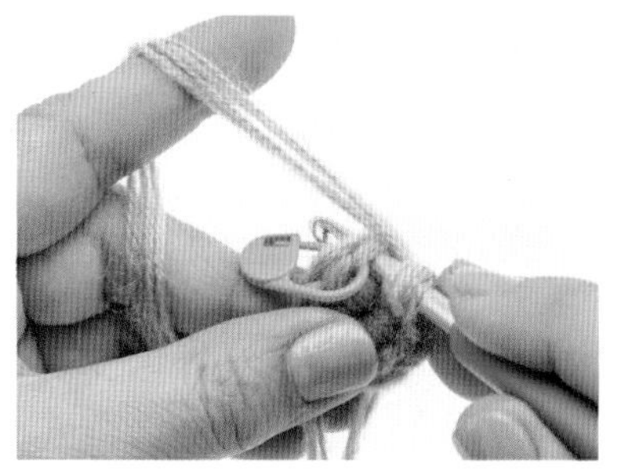

13 重新把钩针插入线环。钩针插入计数环标记的第1针短针的针目，取下计数环。

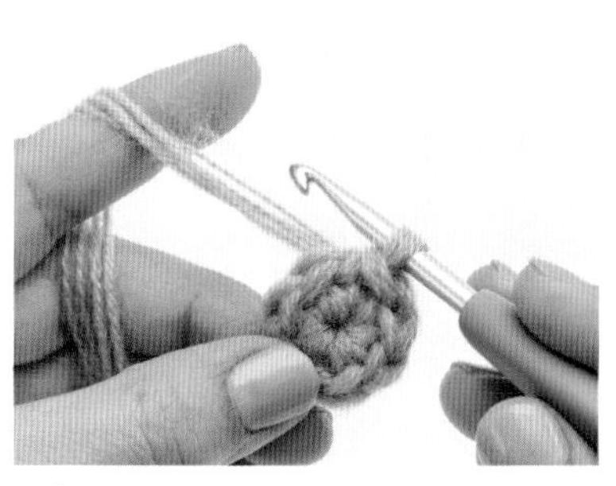

14 钩针挂线，一次钩过针上2个线圈（引拔针）。完成第1行。

脚爪的钩织方法（♁=变化的2针中长针枣形针）

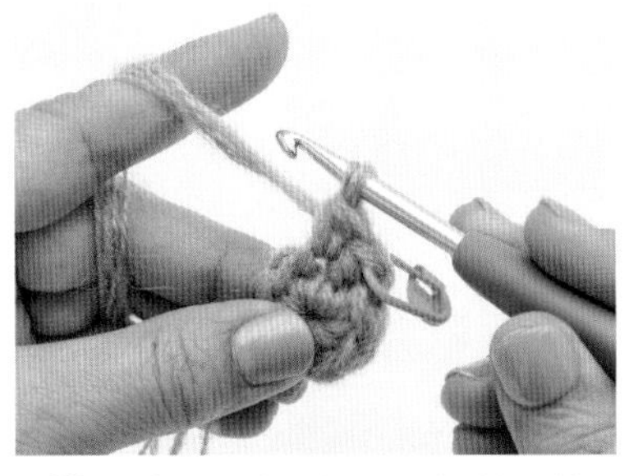

01 线头绕线环起针，钩8针短针。第2行先钩2针短针（在第1针短针的针目上挂计数环）。

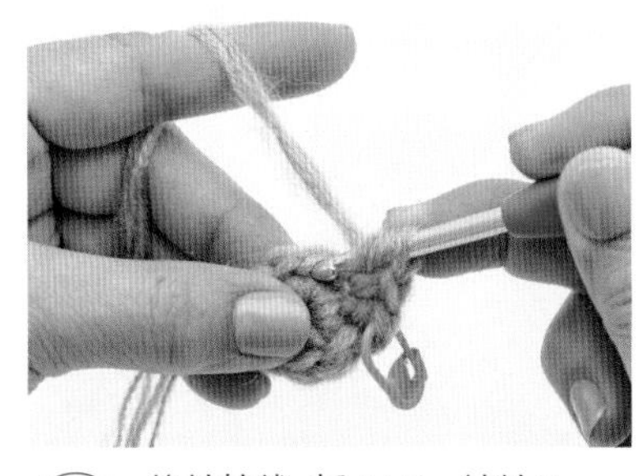

02 钩针挂线，插入下一针针目。

03 挂线引拔，把线拉得稍长一些。

04 按步骤02、03的方法，在同一针目上重复1次，钩针上共有5个线圈。

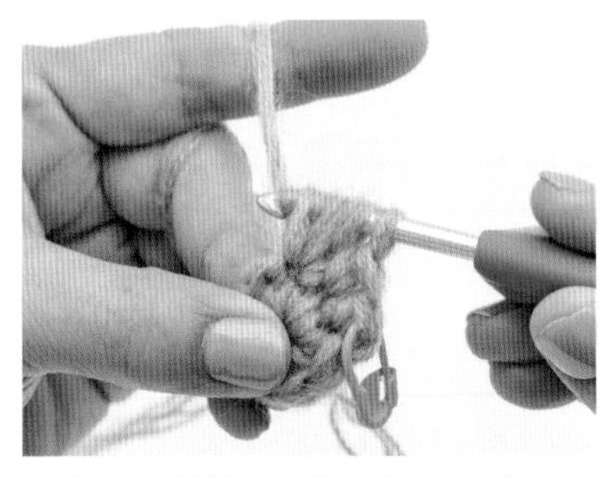

05 钩针挂线，除最右边的1个线圈之外，一次钩过针上其他4个线圈。

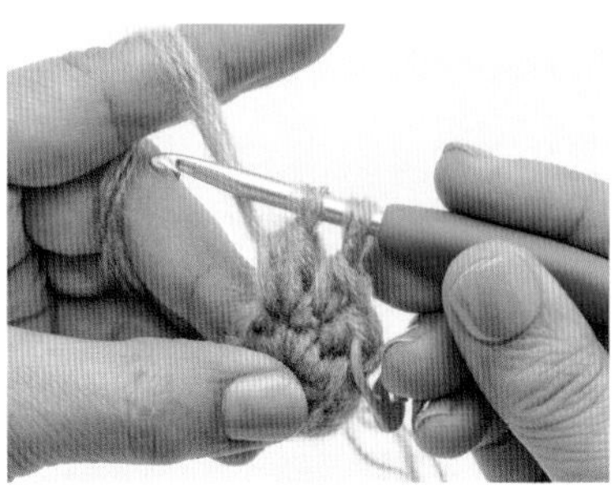

06 再一次挂线，钩过剩余的2个线圈。

07 完成变化的2针中长针枣形针。

08 按同样的方法再重复3次。

09 在剩下的针目上钩2针短针，完成。

腿部的钩织方法（每一行换线的方法）

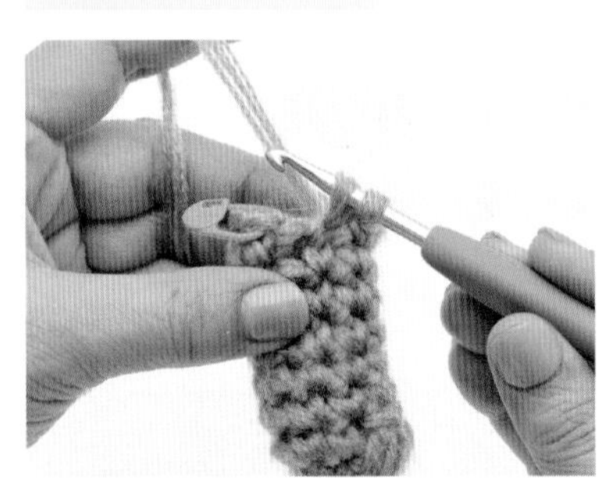

01 一行的最后一针钩未完成的短针。

02 左手持需要换的线。

03 右手持钩针，一次钩过针上2个线圈，完成短针。

04 钩针插入第1针短针的针目，绕线，一次钩过针上2个线圈。

05 钩下一行的立织锁针前，将线头压在编织线的上方（防止编织线松散）。之前的编织线暂时不断线。

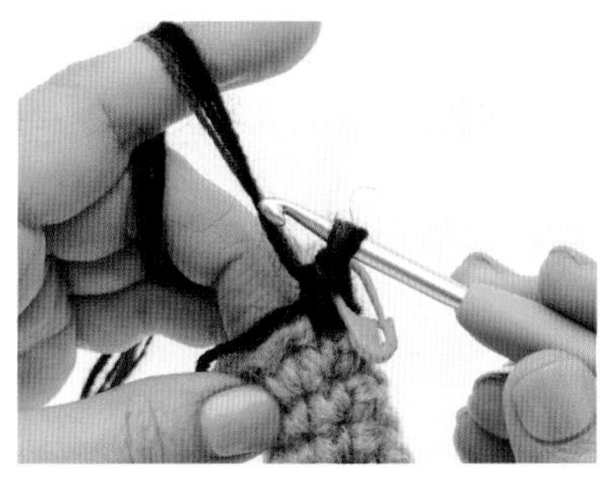

06 钩第1针短针，在短针针目上挂计数环。

07 钩织一周，最后一针钩未完成的短针。

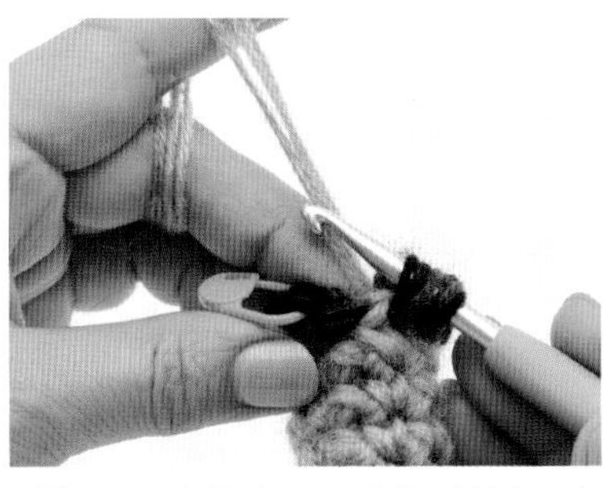

08 继续换线，一次钩过针上2个线圈，完成短针。

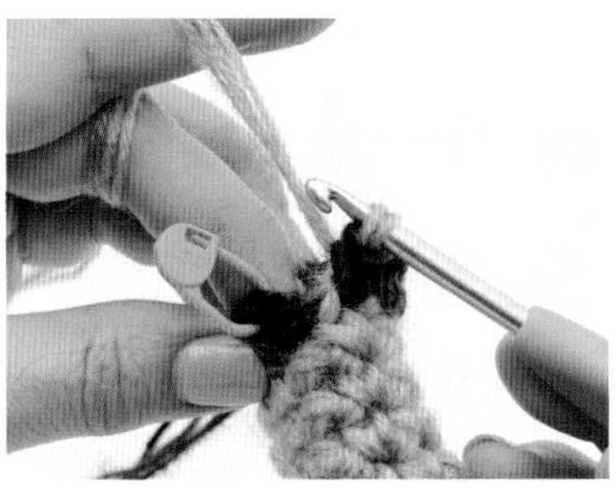

09 用同样的方法钩织下一行。

耳朵（右）的钩织方法、组合方法（Ŧ= 长针、T= 中长针）

01 第1针锁针不要抽紧，作为钩织开始，计为1针（手指捏住边缘的结头）。

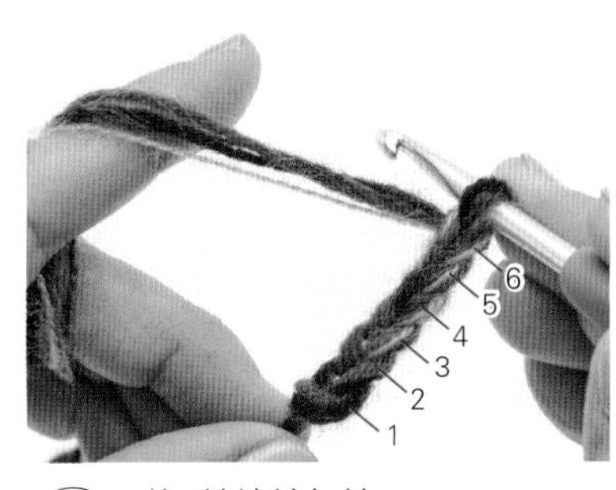

02 钩6针锁针起针。

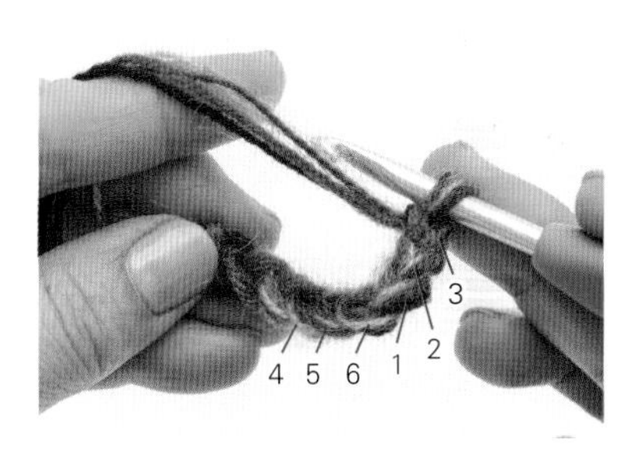

03 钩3针立织锁针。

04 钩针挂线，插入起针针目的第5针。

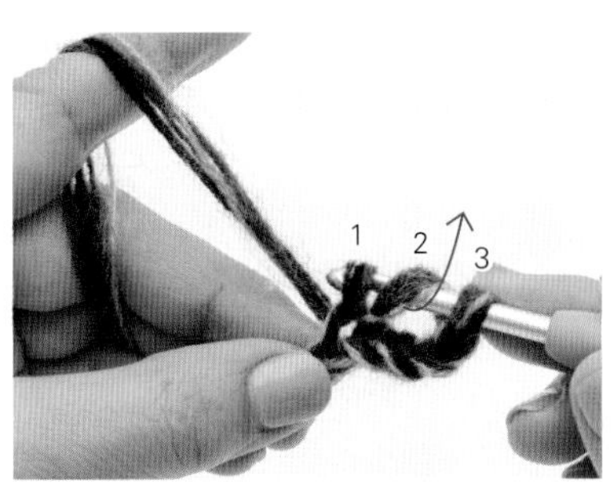

05 钩针挂线，一次钩过针上2个线圈。

06 再一次挂线，钩过剩余的2个线圈。

07 完成长针。

08 在下一针上也钩1针长针。

09 钩针挂线，插入下一针针目。

10 再一次挂线，一次钩过针上3个线圈。

11 完成中长针。

12 在下一针上钩1针短针。

13 在边缘1针上钩3针短针，反转织物。

14 钩针挂线，插入起针锁针的另一侧。

15 重复步骤⑨、⑩，钩2针中长针。

16 在接着的3针上钩长针。

17 在最后1针上再钩1针长针。完成耳朵的第1行。

18 完成第1行后，钩1针锁针作为下一行的起立针。翻转织物，开始钩织第2行。

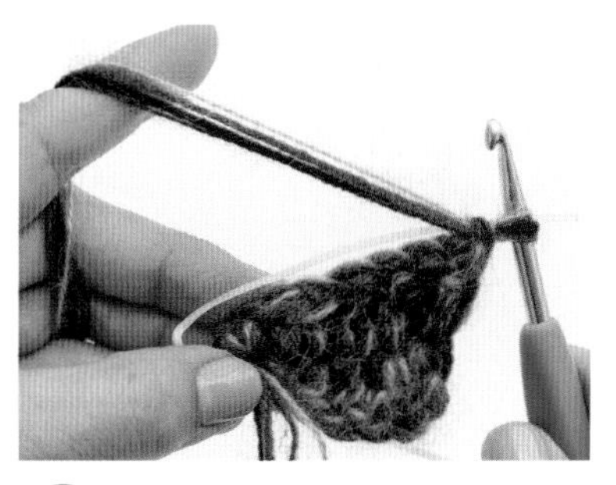

19 取15cm的定形线对折，紧贴织物边缘。

20 钩针插入短针针目，包住定形线一起钩织。

21 钩一周短针。使用毛线缝针处理线头。图示为织物背面。

22 钩引拔针完成钩织。留出30cm长的线用于缝合。断线，翻回正面。

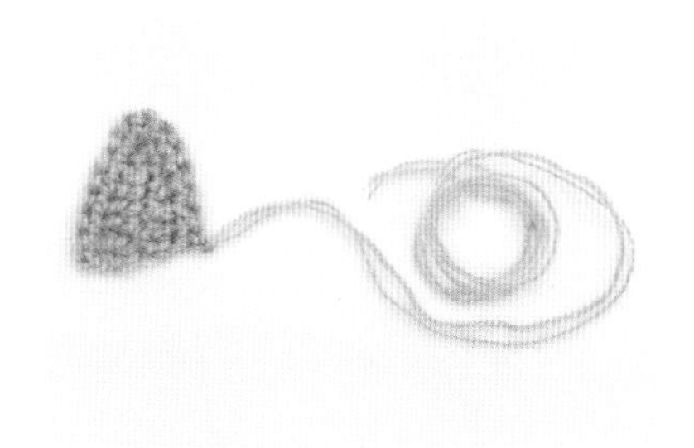

23 参考p.56的图解，用4/0号钩针钩织耳朵内侧。使用1股Piccolo、1股MOHAIR共2股线钩织。

24 分别挑锁针靠内的半针，缝合耳朵外侧和内侧。

鼻子的钩织方法 ※全部使用4/0号钩针，从右向左钩织

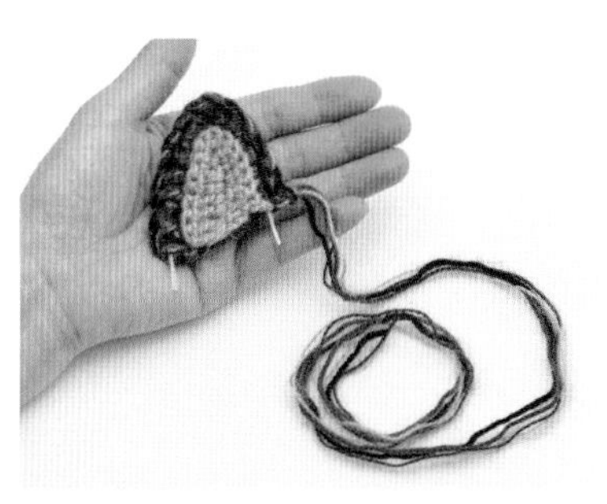

25 完成耳朵（右）。
※耳朵（左）的钩织图解略有差异，钩织前请确认每个作品的具体图解

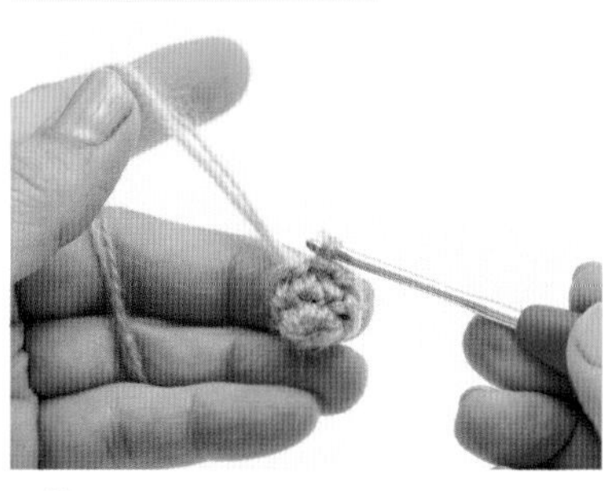

01 使用1股Piccolo、1股MOHAIR共2股线，绕线环起针，钩6针短针，钩2行。

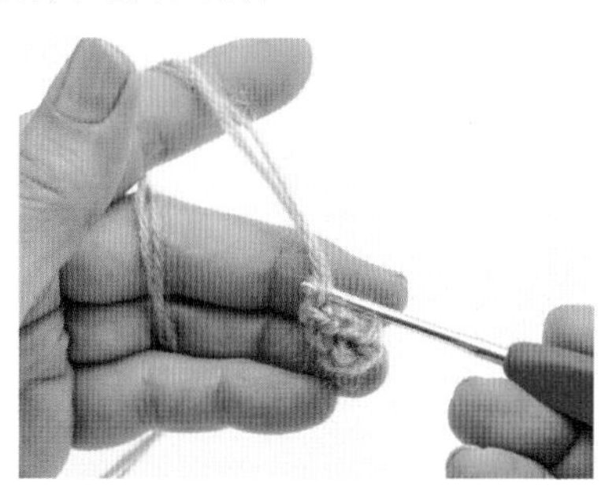

02 在第1针上钩引拔针。

03 在第2针上钩1针立织锁针，钩1针短针。

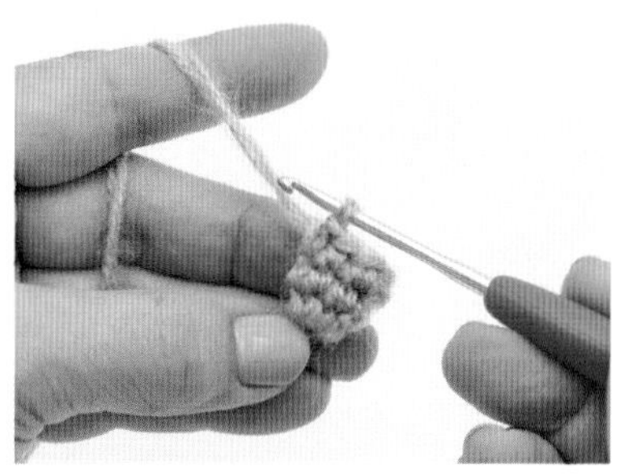

04 再钩3针短针（前一行的最后一针上不钩织）。

05 把第4针短针的线圈拉大。

06 将线团穿过线圈。

07 抽紧线（钩织图解中用“•”表示）。

08 钩针插入第3行第1针的短针针目。

09 从后侧渡线，包着线钩第4行。

10 钩织完成后，重复步骤⑤~⑦，处理线头。用同样的方法钩织鼻子的其他行。

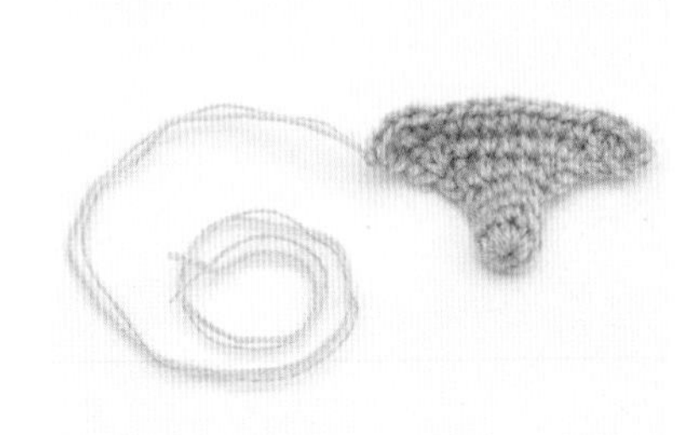

11 留出30cm长的线用于缝合。断线，完成。

嘴巴的钩织方法

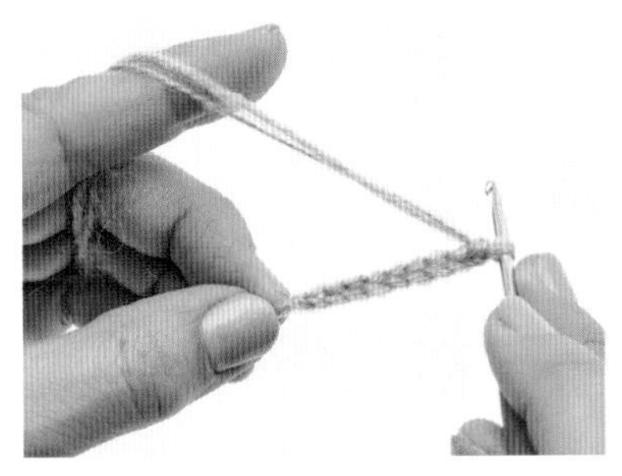

01 钩9针锁针起针。

02 钩1针立织锁针、1针短针、1针中长针。

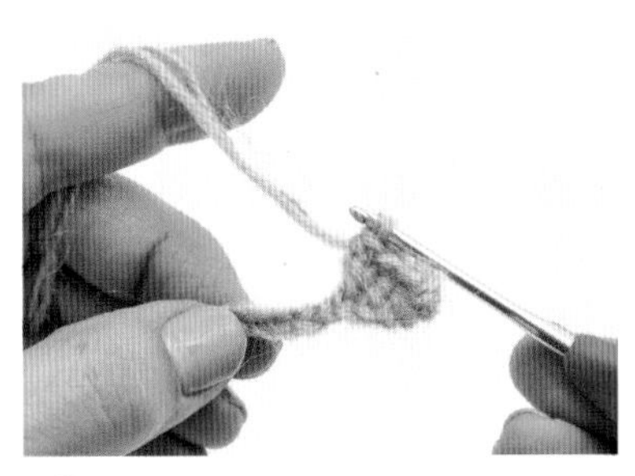

03 钩2针长针。

04 钩1针短针。

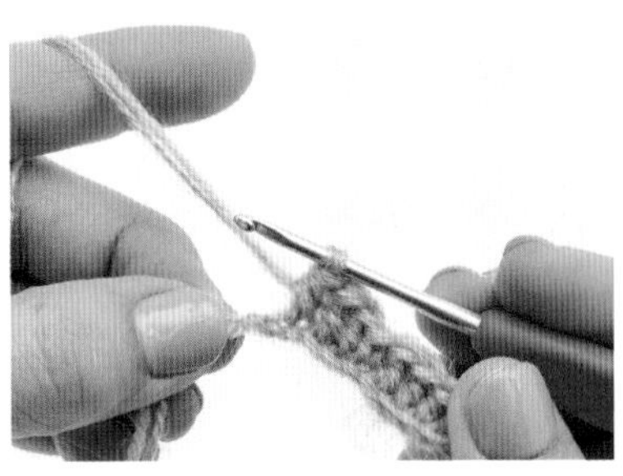

05 按照钩织图解钩织至边缘。

06 在边缘的1针上钩3针短针，翻转织物，钩织另一侧。

07 完成第1行。

08 第2行钩4针短针。

09 钩针插入第5针（中心的1针）。

10 钩引拔针。

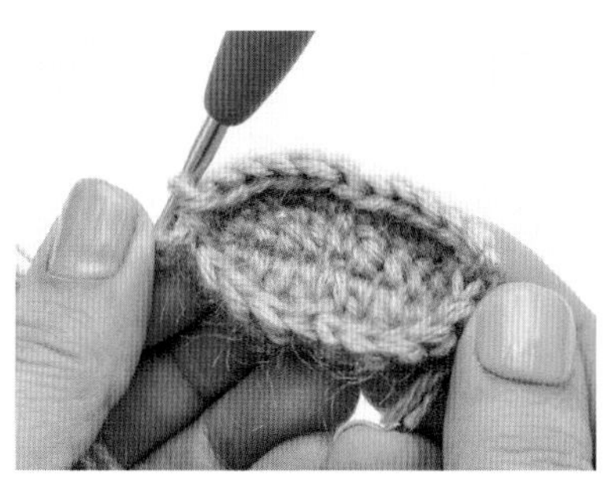

11 用同样的方法钩织另一侧，完成第2行。

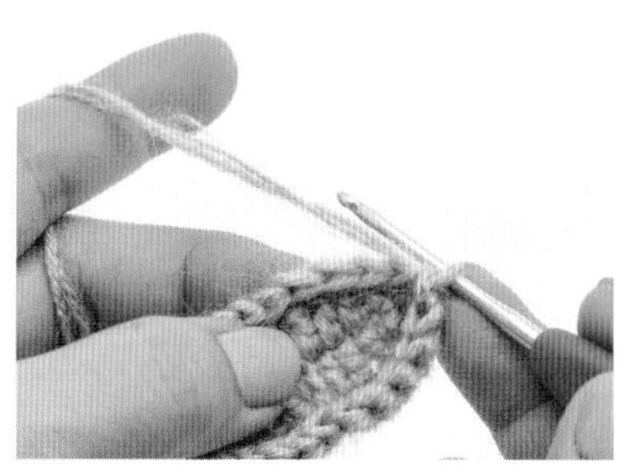

12 第3行的上半部分钩11针短针。

13 钩第12针短针。

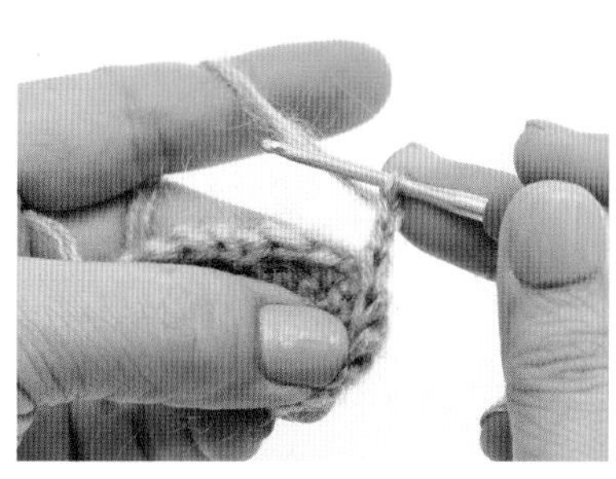

14 钩2针锁针。

15 在下一针上钩未完成的长针。

16 再下一针也钩未完成的长针，空1针不钩。

17 在接着的2针上钩未完成的长针。

18 钩针挂线，一次钩过针上5个线圈。

19 钩1针锁针，抽紧（引拔针）。

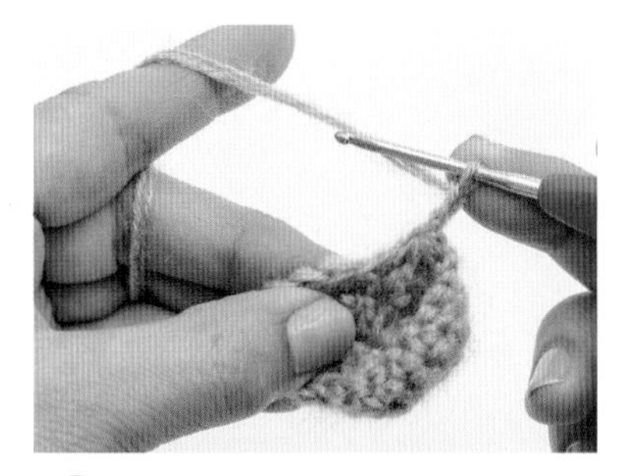

20 钩2针锁针。

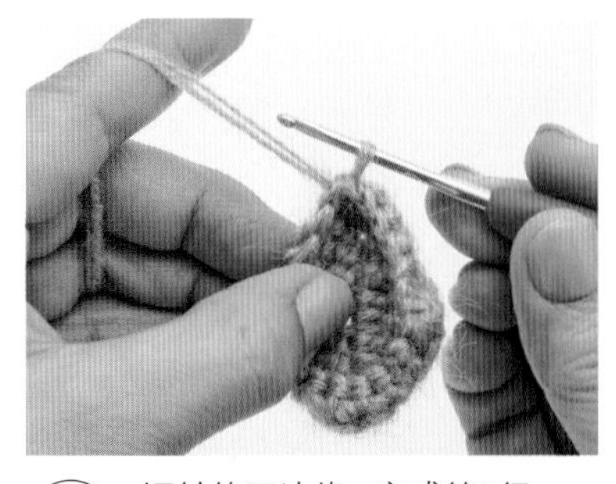

21 短针钩至边缘，完成第3行。

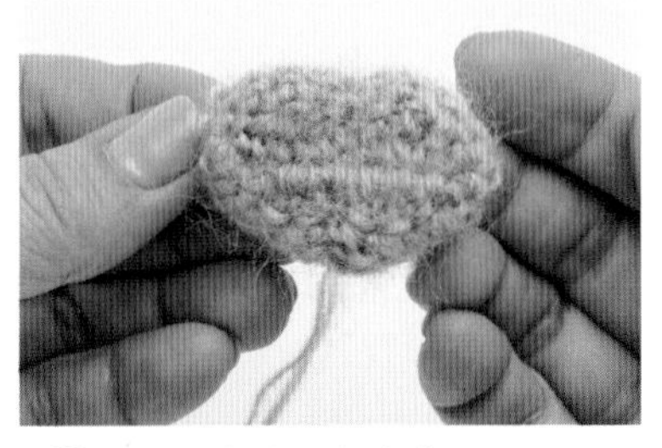

22 以织物背面作为嘴巴的正面。

2 组合方法

将钩织完成的各部分缝合，完成玩偶的基础形状。

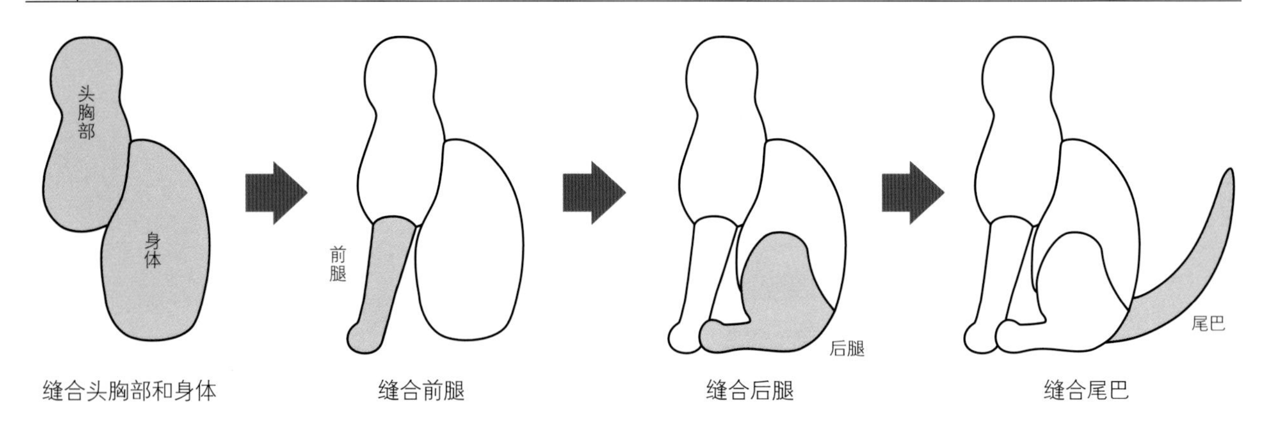

身体和头胸部的组合方法

01 将头胸部背面的中心和身体的中心对齐，从身体椭圆形的钩织部分开始缝合（为了便于理解，图示暂时没有抽紧缝合线）。

02 参考图示在行上挑针，U形缝合一周。

前腿的组合方法

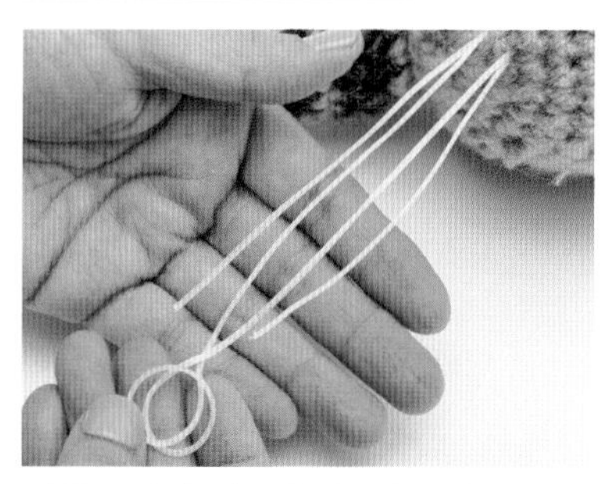

01 准备前腿长度4倍的定形线，从中心开始，弯折出2圈直径1.5cm的圆环，穿过身体上缝合前腿的位置固定。

02 使用毛线缝针，在圆环上缠绕毛线。

03 缠绕包裹出爪子的形状。

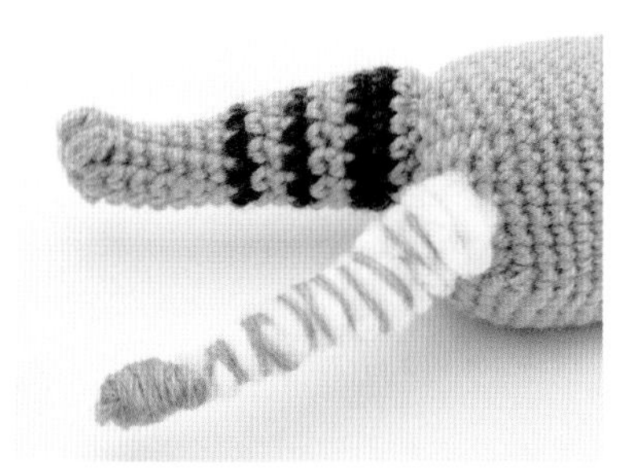

04 根据腿部形状包裹填充棉，使用毛线缠绕。

05 套上编织好的前腿，挑短针针目的根部和身体缝合。

后腿的组合方法 ※将填充棉塞入后腿较细的部分（塞至第7行），其他部分不用塞填充棉

01 把后腿对齐缝合位置，从身体上挑1针。

02 再挑后腿外侧短针针目的根部。

03 将后腿的内侧包在中间，缝合后腿的外侧和身体。

04 弧线部分紧贴身体，与后腿的根部缝合。

尾巴的组合方法

01 将60cm的定形线对折，两端交叉穿过尾巴的位置。

02 根据尾巴形状包裹填充棉，使用毛线缠绕。

03 使用毛线缝针，挑起尾巴上短针针目的根部。

04 然后在身体上对应的位置挑针，这样一上一下重复，缝合一周。

3 面部的完成方法

这里介绍面部细节的制作和耳朵的缝合方法。

嘴巴、鼻子的缝合方法

01 使用珠针，在指定位置固定嘴巴和鼻子。

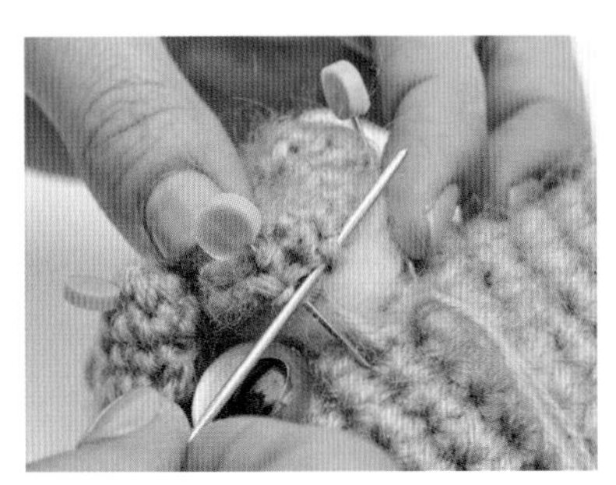

02 先缝合嘴巴和面部。使用毛线缝针先挑嘴巴上短针针目的根部（纵向的线）。

03 再将毛线缝针穿过面部最贴近上一针的位置，挑线。

04 U形缝合嘴巴一周。

05 接着缝合鼻子。鼻尖的圈织部分压在嘴巴上。

06 将鼻尖在嘴巴上缝制2或3次。

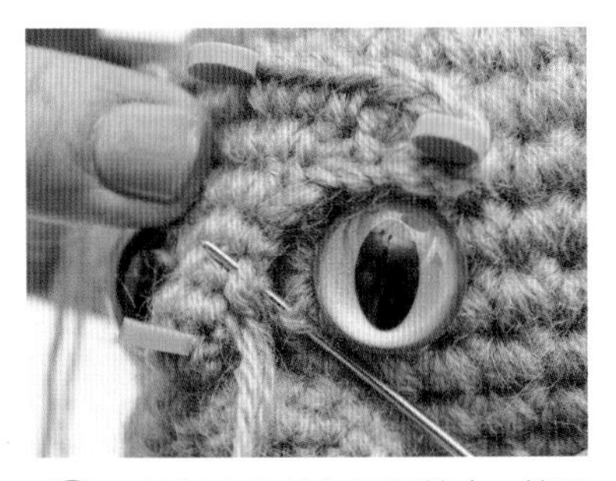

07 从鼻尖开始与面部缝合，缝至第4行。

08 把线穿到另一侧。

09 用同样的方法缝至第4行。眼睛上方不缝合。

10 使用眼睛末梢的线，在面部缝1针固定。

11 挑短针针目的根部（纵向的线）。

12 U形缝合额头部分。

13 将眼睛上方的织物稍稍往下拉盖在眼睛上（最后使用手工胶粘贴眼睛）。完成。

鼻子的完成方法

01 使用粉色的线（Piccolo 39号）在第1行刺绣（缎面绣）。重复4或5次，遮住钩织的短针针目。

02 用羊毛毡戳针在刺绣位置戳刺固定（如果钩织的线迹太过明显，可以使用毛刷直接刮绒）。

耳朵的缝合方法

01 使用珠针，将耳朵固定在指定位置，把定形线的两端插入头部（耳朵位置需要与面部保持协调）。

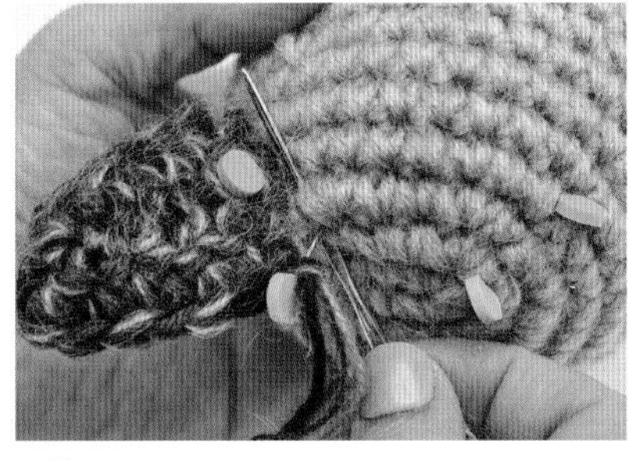

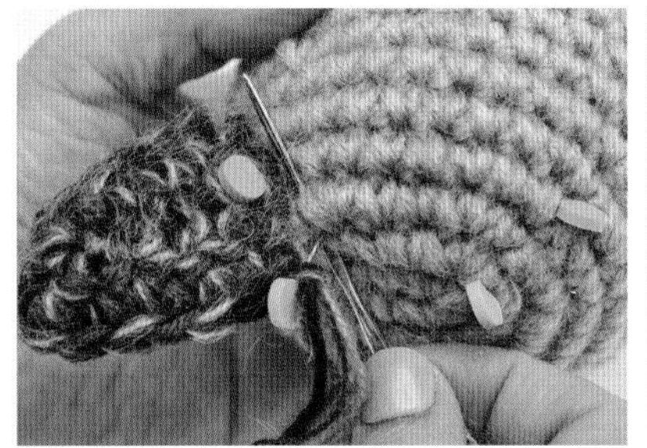

02 使用钩织耳朵（外侧）剩余的线把耳朵与头部缝合。缝合时尽量挑取不显眼的针目。

03 将耳朵内侧与头部缝合固定。

胡须的粘贴方法

01 先使用牙签戳在需要粘贴胡须的位置。

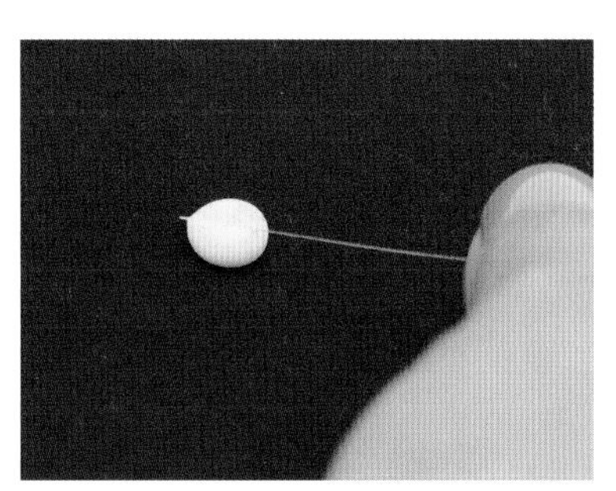

02 挤出适量手工胶，用胡须的根部蘸取1cm左右。

粘贴胡须的大致位置

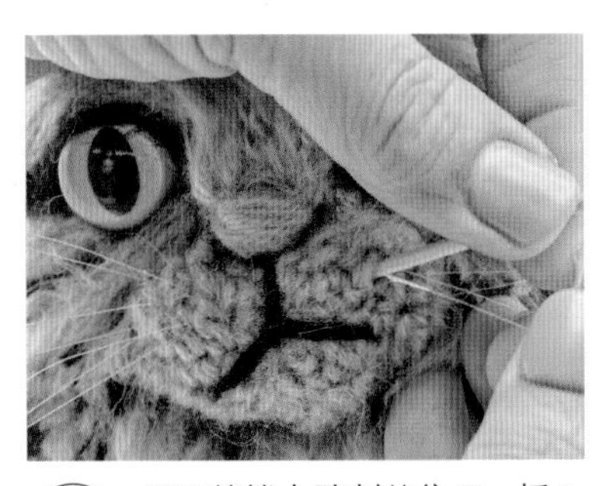

03 用牙签撑大戳刺的位置，插入蘸了胶的胡须根部。

04 拔出牙签，轻轻按压即可。

● 外侧 8根（红色点）
● 内侧 6根（蓝色点）
※粘贴前先把胡须捋成弯弯的形状，形成自然的弧度

4 植毛的方法 使用植毛用毛线和毛线缝针，全身植毛。

植毛的间隔和缝线位置

植毛的纵向间隔约为1cm。第1排先在短针的行与行之间植毛，第2排在短针的行上植毛，第3排再在短针的行与行之间植毛（面部每一行都要植毛）。

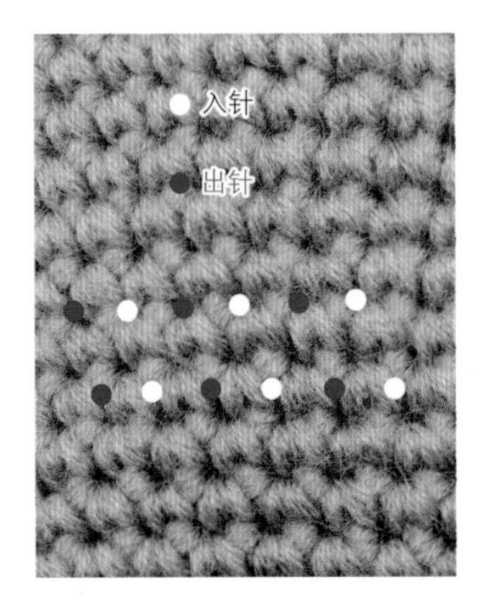

挑针目或行与行之间1针的宽度缝线。把毛线剪成需要的长度。植毛完成后，每一行都要使用羊毛毡戳针戳刺毛线根部进行固定。

根据植毛示意图，在钩织的基础部分用水消笔画出花纹的植毛位置。植毛完成后，不同颜色的毛发会和谐地融合在一起，因此不用太过纠结一些细小的位置。请试着完成自己喜欢的花纹吧。

身体的植毛方法

01 先将4股植毛用毛线对齐，穿过毛线缝针后对折使用。

02 从尾巴根部开始，向上方植毛。先挑行与行之间的1针，穿过线。

03 毛线留2.5cm，剪去剩余部分。再挑旁边的1针，完成第2针的植毛。

04 用同样的方法，按照花纹完成一排植毛。

05 使用羊毛毡戳针在毛线根部戳刺固定，使毛线缠在一起，不易被拉出。

06 用毛刷拆散毛线。再用羊毛毡戳针轻轻地戳刺全部毛线，整理毛发形状。

07 挑第2行上的针目。

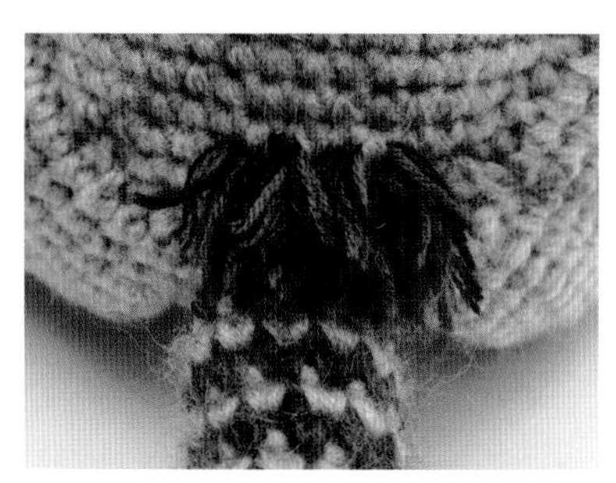

08 重复步骤⑤、⑥，完成第2行的植毛。

09 沿着背部的中心线，从下往上植毛。

10 交替使用毛刷和羊毛毡戳针整理毛发形状。

11 根据花纹的颜色选择毛线的颜色。

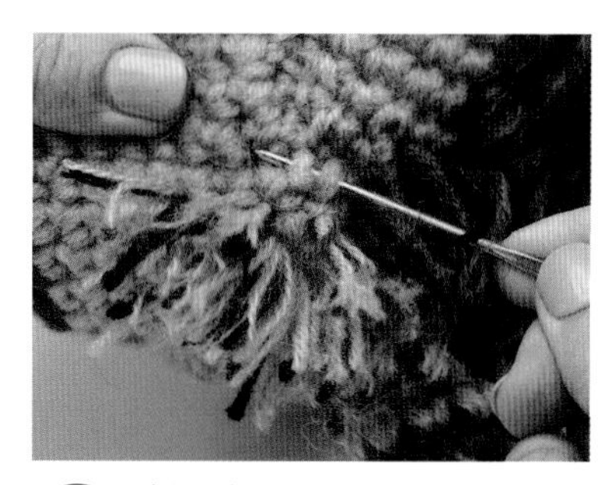

12 侧面也是从中心向两边、从下往上植毛。遇到缝合的位置，优先按照植毛的间隔进行植毛。

13 在尾巴旁完成两条花纹的植毛。用同样的方法，在全部钩织的基础部分上植毛。全身植毛完成后，再次使用毛刷整理毛发形状，修剪多余的毛线。

需要植毛的部分

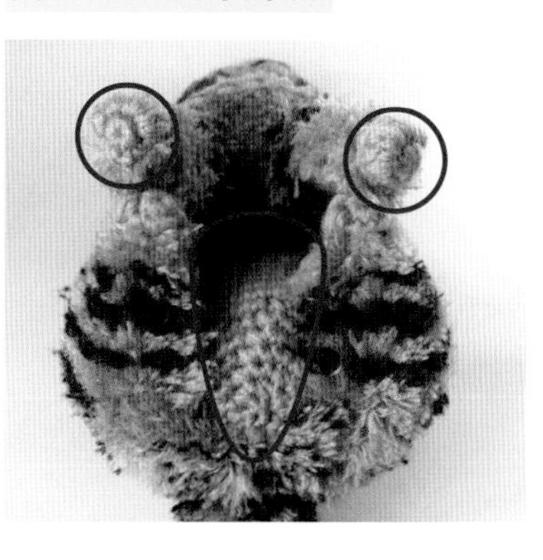

耳朵、脚爪、前腿挡住的腹部部分以及臀周都不需要植毛。

如果介意直接露出编织的线迹，也可以使用毛刷在织物上直接刮绒，做出短毛的效果。

面部的植毛方法 ※鼻子部分和眼周直接使用4股线植毛

01 面部的每一行以鼻子为中心，向外植毛（植毛完成后，最后再用手工胶粘贴眼睛）。

02 在鼻子的第2行植毛，约1.5cm长。

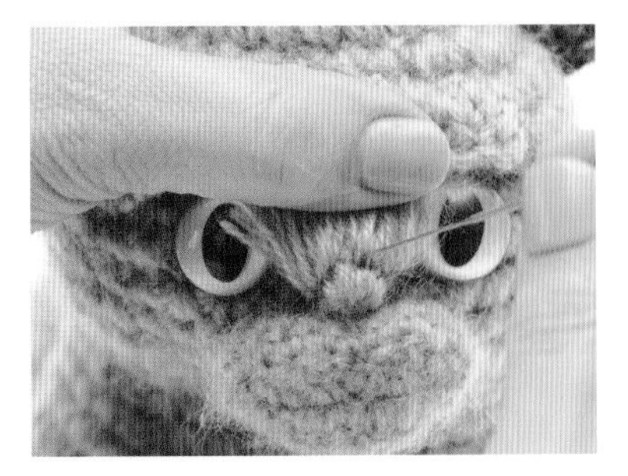

03 使用羊毛毡戳针在毛线根部戳刺固定。戳刺时注意将毛发朝向额头方向。

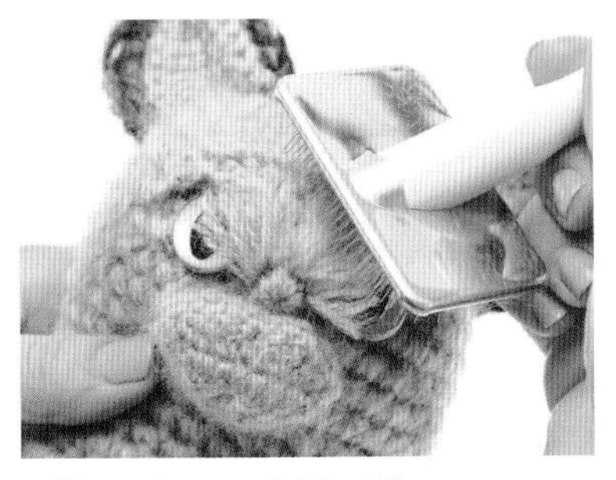

04 使用毛刷拆散毛线。

05 在下一行植毛。

06 交替使用毛刷和羊毛毡戳针，整理毛发形状。完成后，修剪过长的毛线。

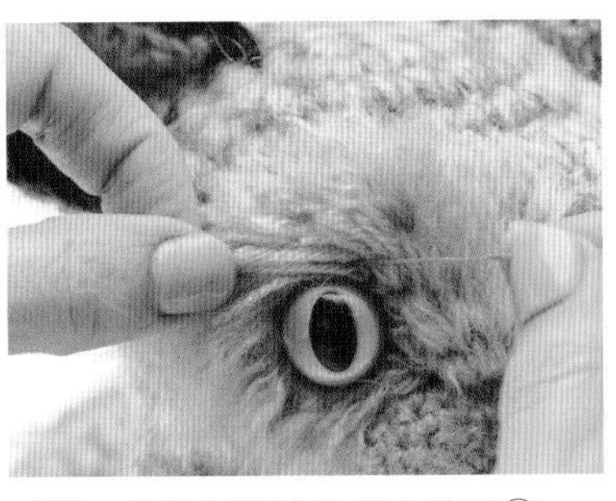

07 沿着眼睑植毛，重复步骤03~06。

08 按照线迹纵向植毛，完成额头细致的花纹。

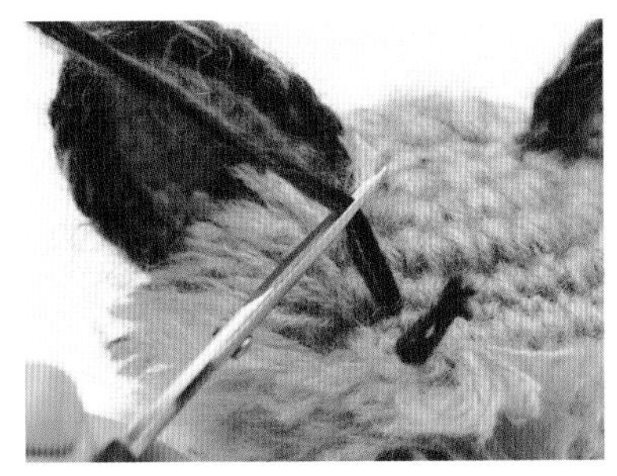

09 沿着花纹的方向，纵向缝毛线，修剪成需要的长度。

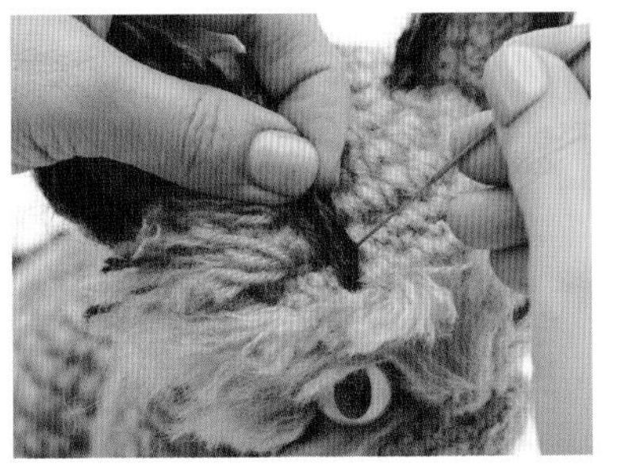

10 顺着线迹的方向，使用羊毛毡戳针戳刺。

11 一列一列地植毛，以展现细致的花纹。

12 注意线迹方向，完成额头一半的植毛。

加入眼线的方法 ※取1股Piccolo，对折制作眼线

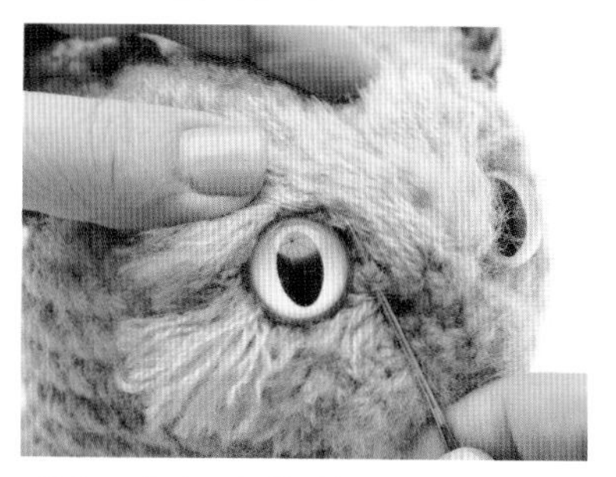

01 在内眼角挑1针。

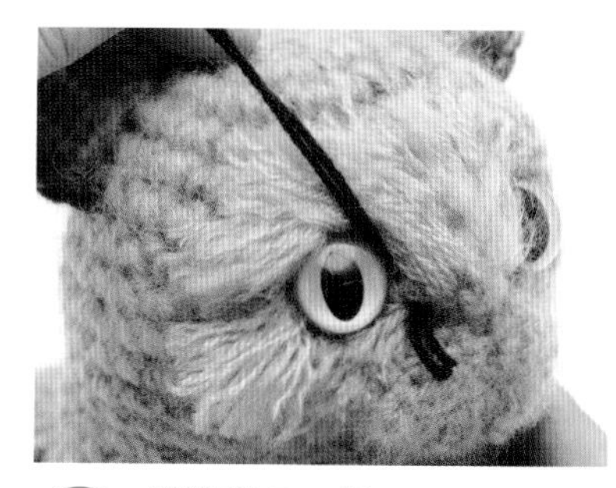

02 线端留1.5cm长。

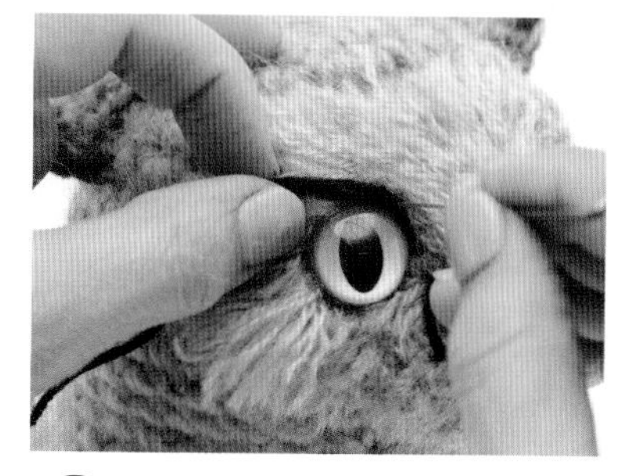

03 左手拉毛线，对齐眼睑轮廓。

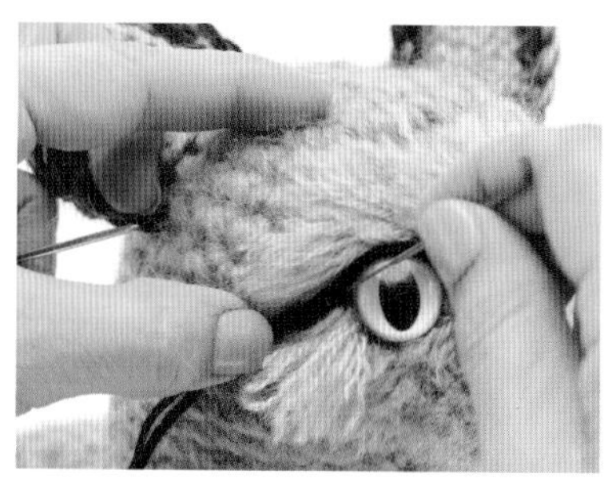

04 沿着眼睑的轮廓，使用羊毛毡戳针戳刺，将毛线固定在钩织的基础部分上。

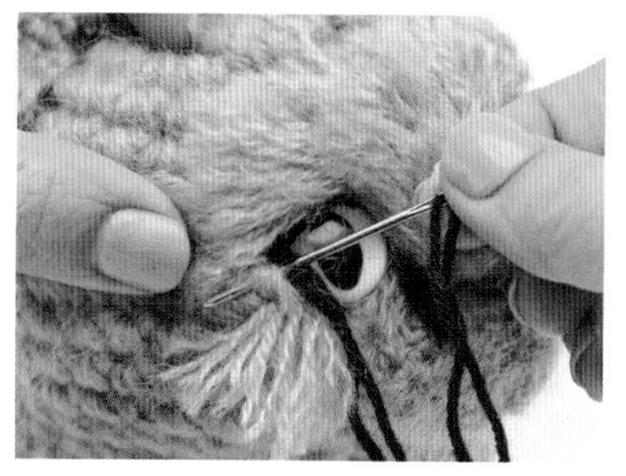

05 在外眼角也挑1针，拉出毛线。

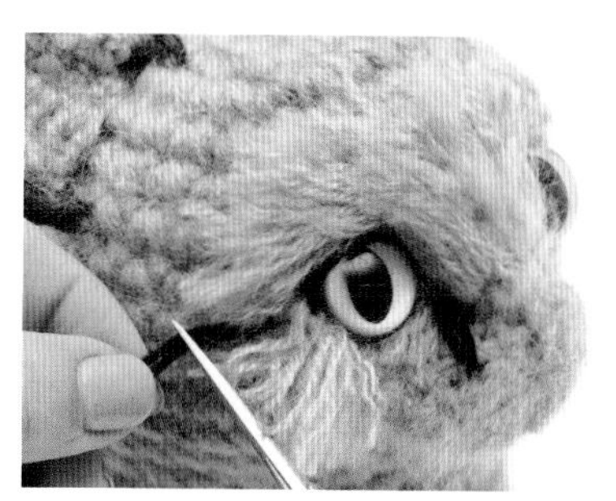

06 按照花纹需要的长度修剪毛线。

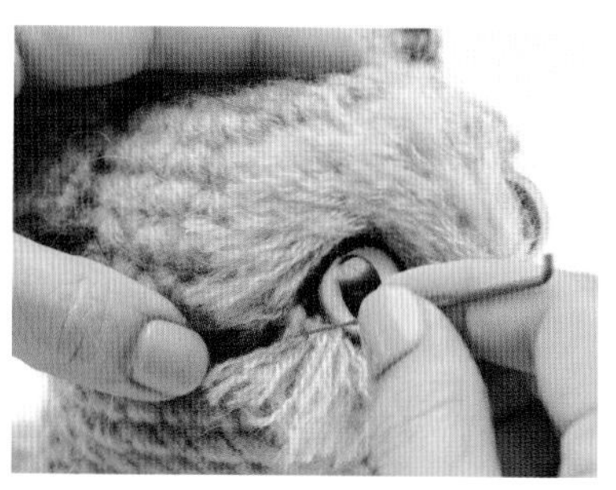

07 用羊毛毡戳针戳刺外眼角的毛线固定，使毛线不易被拉出。

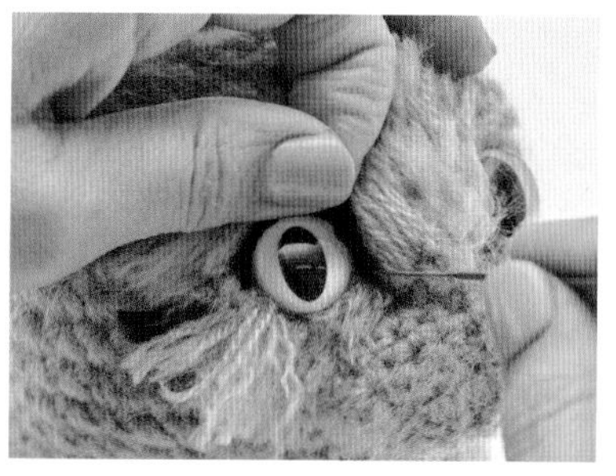

08 将内眼角的毛线向上拉，用羊毛毡戳针戳刺，使线端融入眼线。

09 完成眼线。最后使用手工胶粘贴眼睛。

刺绣嘴巴

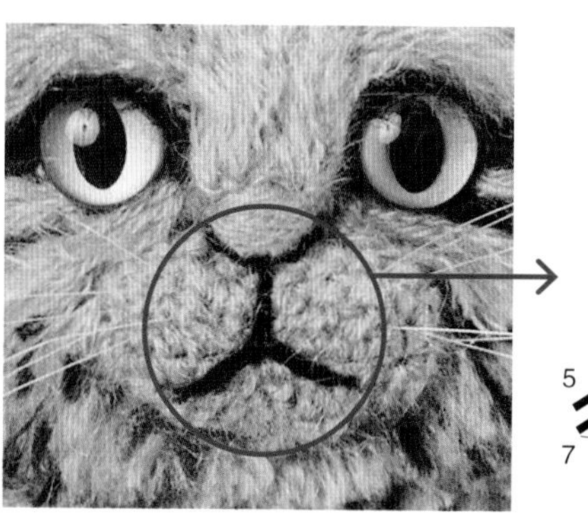

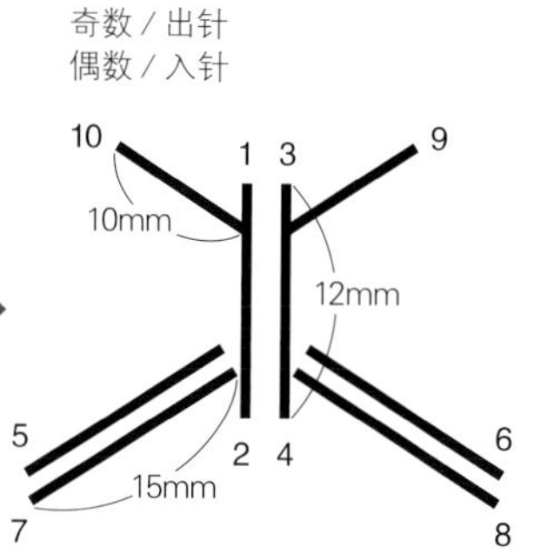

取1股黑色线（Piccolo 20号），穿上毛线缝针，在鼻子下方绣2针缎面绣。再按照左图图示，横向嘴巴两侧各刺绣2针、鼻子两侧各刺绣1针（中间从鼻子下方的线迹下穿过）。
仅虎斑猫、美国短毛猫、索马里猫需要刺绣9、10。

作品的制作方法

>>> p.12　虎斑猫

完成尺寸：高33cm、长20cm、尾巴20cm

正面

背面

侧面

使用的毛线和钩针

	部位	使用毛线	颜色	色号	股数			使用钩针
基础部分	头胸部、身体	Piccolo	深米色	38	2 股	4 股	A	7.5/0
		MOHAIR	沙米色	90	2 股			
	前腿、后腿、尾巴	Piccolo	焦茶色	17	1 股	4 股	B（搭配A钩织）	7.5/0
		Piccolo	黑色	20	1 股			
		MOHAIR	焦茶色	52	1 股			
		MOHAIR	黑色	25	1 股			
	耳朵（外侧）	Piccolo	焦茶色	17	1 股	4 股		7.5/0
		Piccolo	黑色	20	1 股			
		MOHAIR	焦茶色	52	1 股			
		MOHAIR	沙米色	90	1 股			
	耳朵（内侧）鼻子、嘴巴	Piccolo	深米色	38	1 股	2 股		4/0
		MOHAIR	沙米色	90	1 股			
植毛							※A、B和基础部分用线相同	
		Piccolo	深米色	38	1 股	4 股	C	
		Piccolo	黑色	20	1 股			
		MOHAIR	沙米色	90	2 股			

毛线使用量

部位	使用毛线	颜色	色号	使用量
基础部分 植毛	Piccolo	深米色	38	160g
	Piccolo	焦茶色	17	30g
	Piccolo	黑色	20	30g
	MOHAIR	沙米色	90	160g
	MOHAIR	焦茶色	52	30g
	MOHAIR	黑色	25	30g
鼻子（刺绣）	Piccolo	橙红色	39	30cm
眼睛（刺绣）	Piccolo	黑色	20	60cm
嘴巴（刺绣）	Piccolo	黑色	20	30cm

其他材料

种类	颜色	形状	尺寸	用量
眼睛	金色	猫咪眼睛	18mm	1 对
胡须	透明		7cm	7 股 2 份
填充棉				70g
定形线				耳朵 15cm 2 份
				前腿 50cm 2 份
				尾巴 60cm

- ◆请参照从p.35开始的“猫咪玩偶的制作步骤”，完成制作。
- ◆耳朵、脚爪和腹部不需要植毛。
- ◆使用毛刷，在耳朵背面刮绒。
- ◆用毛线稍稍盖住粘贴好的眼睛，完成杏仁形的猫咪眼睛。

植毛长度

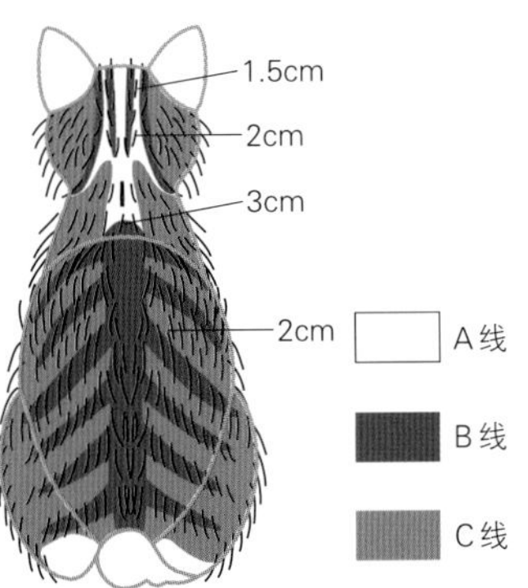

植毛示意图

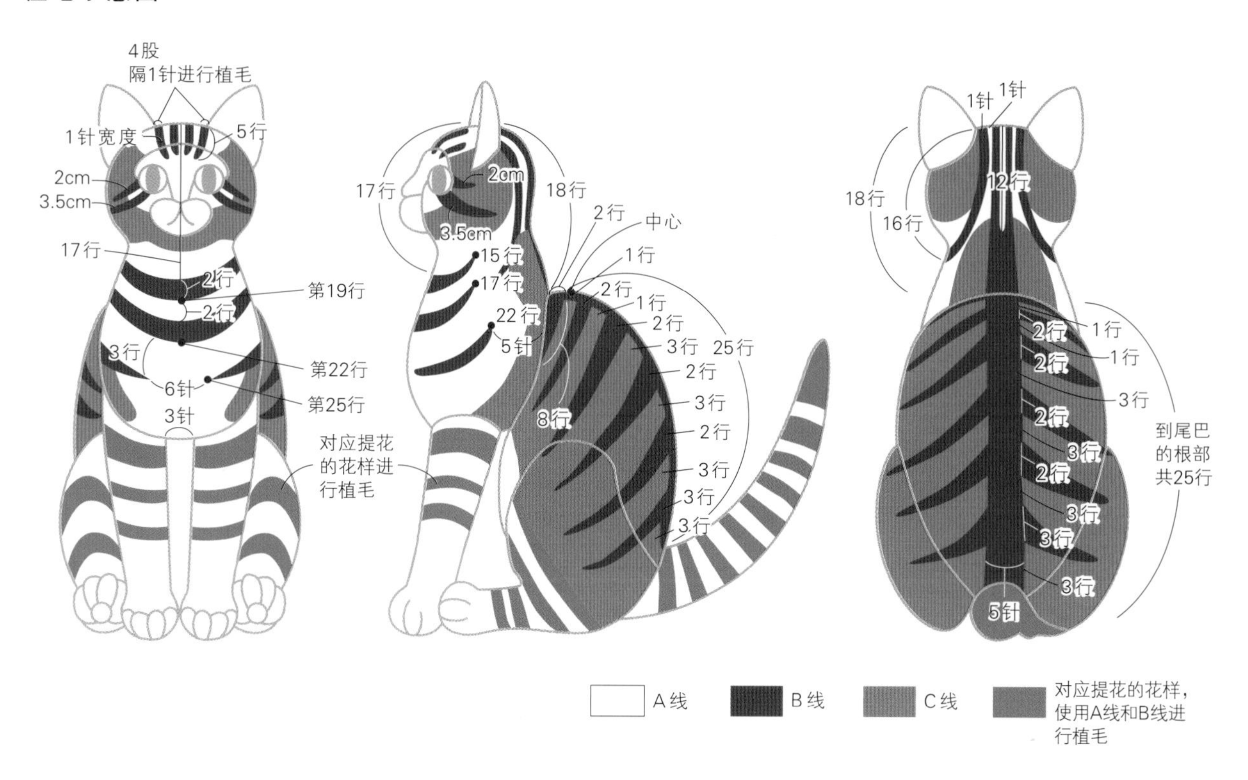

结构图示

挪威森林猫、英国短毛猫、布偶猫、三花猫（猫妈妈）通用。

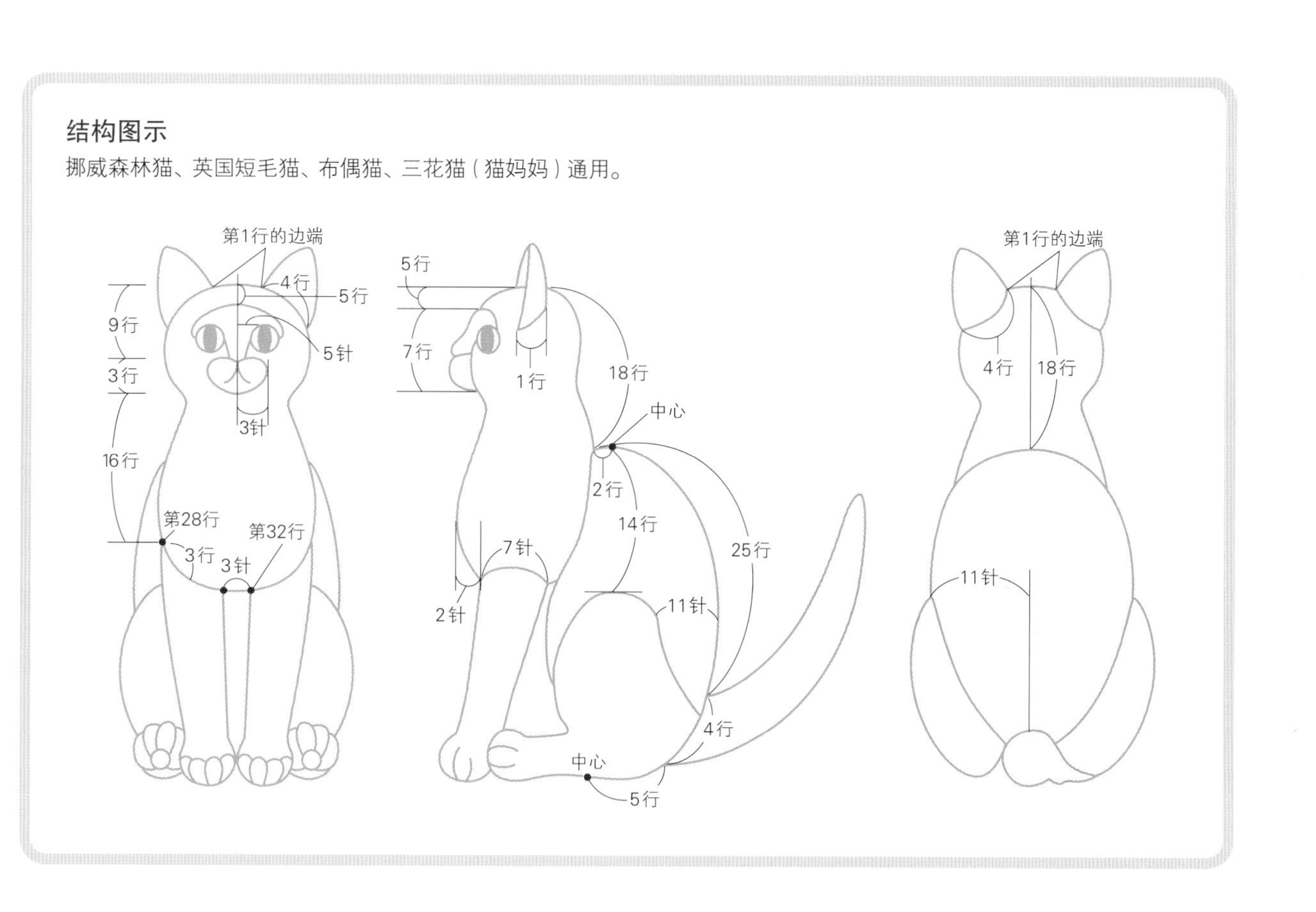

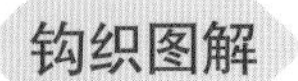

钩织图解

身体

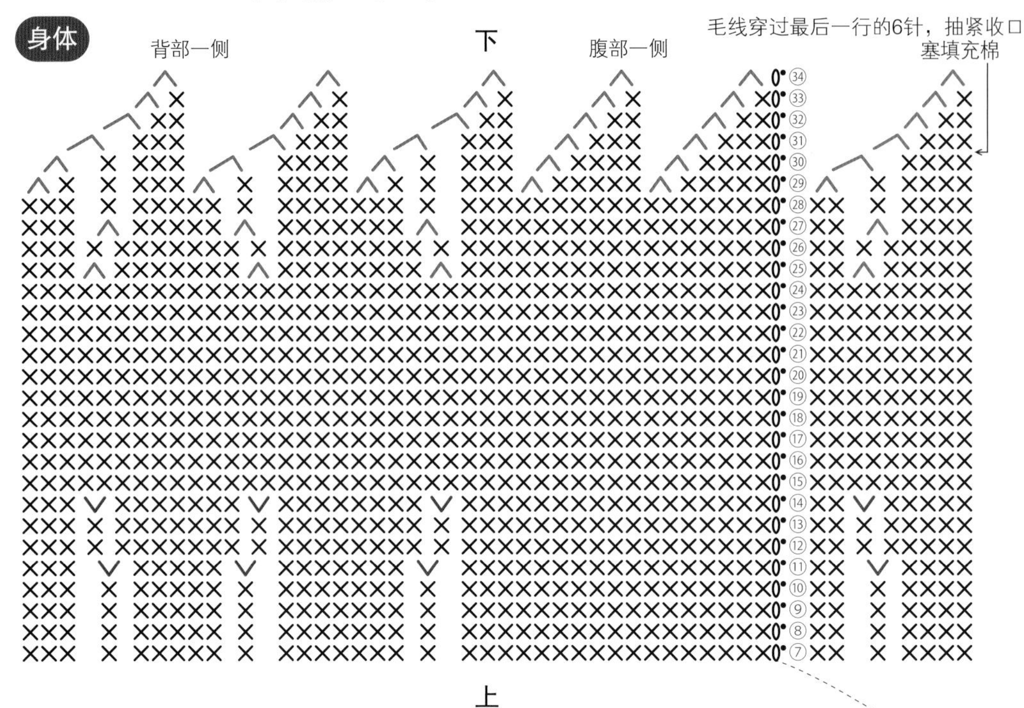

行数	针数	加减针
㉞	6针	减6针
㉝	12针	减6针
㉜	18针	减6针
㉛	24针	减6针
㉚	30针	减6针
㉙	36针	减6针
㉘	42针	没有加减针
㉗	42针	减4针
㉖	46针	没有加减针
㉕	46针	减4针
⑮～㉔	50针	没有加减针

⑭	50针	加4针
⑫⑬	46针	没有加减针
⑪	46针	加4针
⑦～⑩	42针	没有加减针
⑥	42针	加6针
⑤	36针	加6针
④	30针	加6针
③	24针	加6针
②	18针	加6针
①	5针锁针起针，钩12针短针	

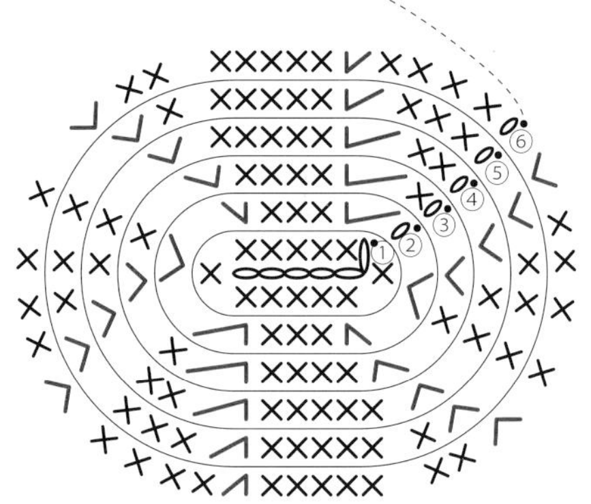

使用钩针：7.5/0号

前腿

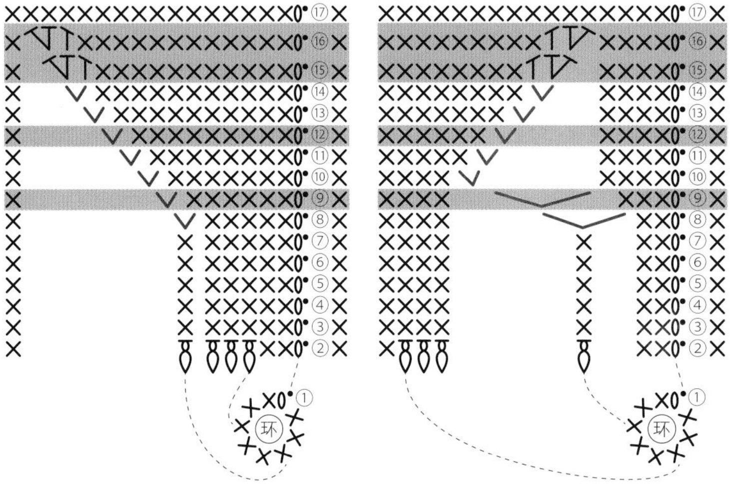

行数	针数	加减针	使用毛线
⑰	17针	没有加减针	A
⑯	17针	加1针	B
⑮	16针	加1针	B
⑭	15针	加1针	A
⑬	14针	加1针	A
⑫	13针	加1针	B
⑪	12针	加1针	A
⑩	11针	加1针	A
⑨	10针	加1针	B
⑧	9针	加1针	A
②～⑦	8针	没有加减针	A
①	绕线环起针，钩8针短针		A

使用钩针：7.5/0号

头胸部

毛线穿过最后一行的6针，抽紧收口　塞填充棉

行数	针数	加减针	使用毛线
㉚	6针	减6针	A
㉙	12针	减6针	
㉘	18针	减6针	
㉗	24针	减6针	
㉖	30针	减6针	
㉕	36针	减6针	A / B
㉒~㉔	42针	没有加减针	
㉑	42针	加2针	
⑳	40针	加2针	
⑱、⑲	38针	没有加减针	
⑰	38针	加4针	
⑯	34针	加3针	
⑭、⑮	31针	没有加减针	
⑬	31针	减2针	
⑫	33针	减3针	
⑦~⑪	36针	没有加减针	
⑥	36针	加4针	A
⑤	32针	加4针	
④	28针	加4针	
③	24针	加8针	
②	16针	加8针	
①	3针锁针起针，钩8针短针		

使用钩针：7.5/0号

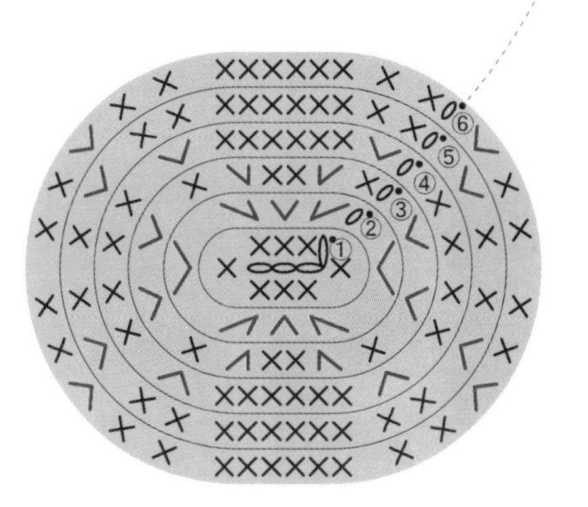

前腿 2片

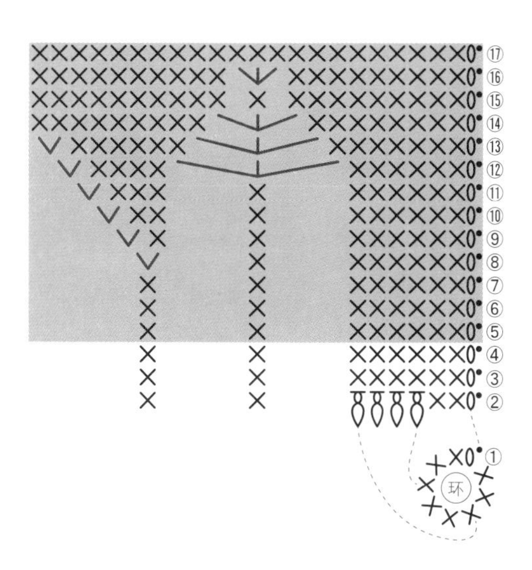

行数	针数	加减针	使用毛线
⑰	22针	没有加减针	A
⑯	22针	加2针	
⑮	20针	没有加减针	
⑭	20针	加2针	
⑬	18针	加3针	
⑫	15针	加3针	
⑪	12针	加1针	
⑩	11针	加1针	
⑨	10针	加1针	
⑧	9针	加1针	
⑤~⑦	8针	没有加减针	
②~④			B
①	绕线环起针，钩8针短针		

使用钩针：7.5/0号

钩织图解

身体

毛线穿过最后一行的6针，抽紧收口

背部一侧

下

腹部一侧

塞填充棉

上

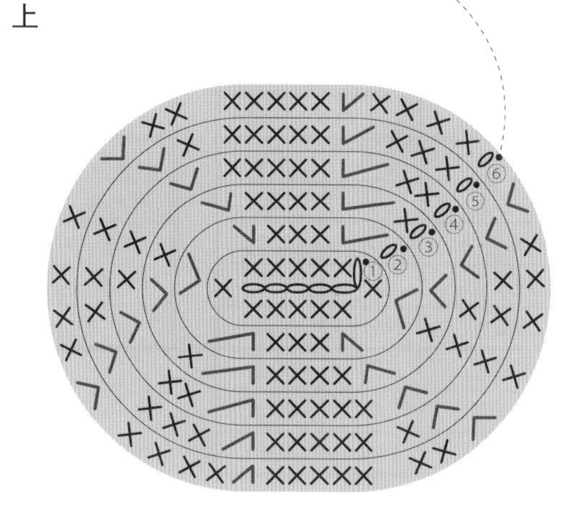

行数	针数	加减针	使用毛线
㉞	6针	减6针	A
㉝	12针	减6针	
㉜	18针	减6针	
㉛	24针	减6针	
㉚	30针	减6针	
㉙	36针	减6针	
㉘	42针	没有加减针	A / B
㉗	42针	减4针	
㉖	46针	没有加减针	
㉕	46针	减4针	
⑮～㉔	50针	没有加减针	
⑭	50针	加4针	
⑫⑬	46针	没有加减针	
⑪	46针	加4针	
⑦～⑩	42针	没有加减针	A
⑥	42针	加6针	
⑤	36针	加6针	
④	30针	加6针	
③	24针	加6针	
②	18针	加6针	
①	12针	5针锁针起针，钩12针短针	

使用钩针：7.5/0号

◆提花花样如果发生歪斜，需要将它拉直，并使用蒸汽熨斗熨烫整形。

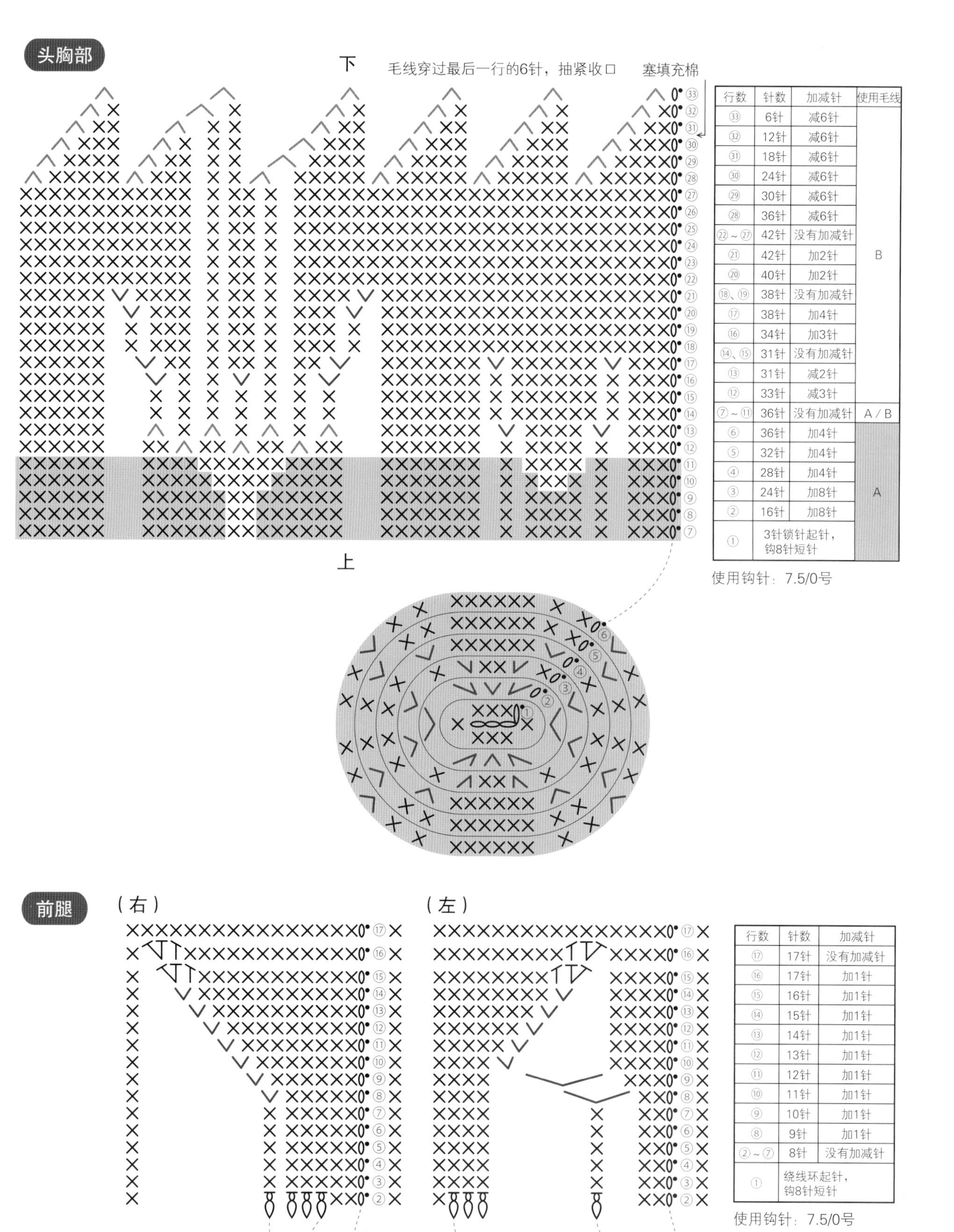

行数	针数	加减针	使用毛线
㉝	6针	减6针	B
㉜	12针	减6针	
㉛	18针	减6针	
㉚	24针	减6针	
㉙	30针	减6针	
㉘	36针	减6针	
㉒～㉗	42针	没有加减针	
㉑	42针	加2针	
⑳	40针	加2针	
⑱、⑲	38针	没有加减针	
⑰	38针	加4针	
⑯	34针	加3针	
⑭、⑮	31针	没有加减针	
⑬	31针	减2针	
⑫	33针	减3针	
⑦～⑪	36针	没有加减针	A / B
⑥	36针	加4针	A
⑤	32针	加4针	
④	28针	加4针	
③	24针	加8针	
②	16针	加8针	
①	3针锁针起针，钩8针短针		

使用钩针：7.5/0号

行数	针数	加减针
⑰	17针	没有加减针
⑯	17针	加1针
⑮	16针	加1针
⑭	15针	加1针
⑬	14针	加1针
⑫	13针	加1针
⑪	12针	加1针
⑩	11针	加1针
⑨	10针	加1针
⑧	9针	加1针
②～⑦	8针	没有加减针
①	绕线环起针，钩8针短针	

使用钩针：7.5/0号

后腿 2片

∧ = ∨ = =1针放3针短针

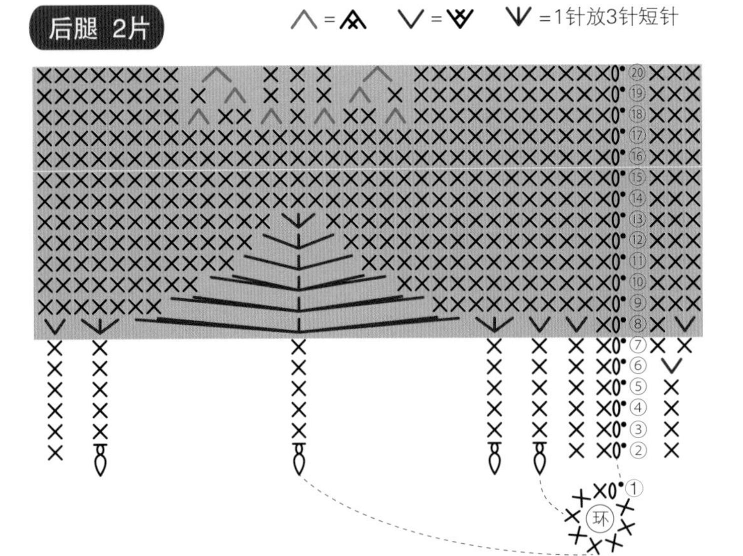

行数	针数	加减针	使用毛线
⑳	27针	减2针	A
⑲	29针	减2针	A
⑱	31针	减4针	A
⑭~⑰	35针	没有加减针	A
⑬	35针	加2针	A
⑫	33针	加2针	A
⑪	31针	加2针	A
⑩	29针	加4针	A
⑨	25针	加4针	A
⑧	21针	加12针	A
⑦	9针	没有加减针	B
⑥	9针	加1针	B
②~⑤	8针	没有加减针	B
①	绕线环起针，钩8针短针		B

使用钩针：7.5/0号

尾巴

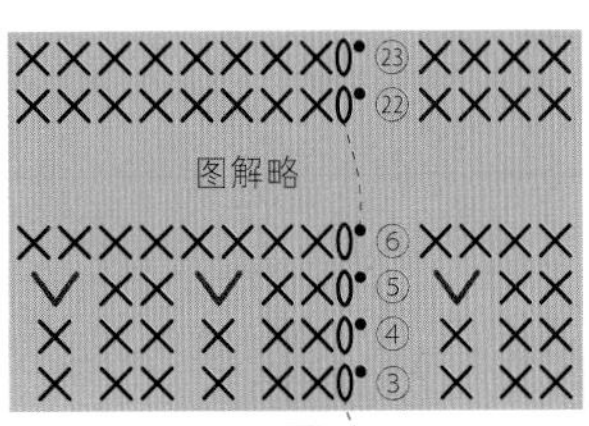

行数	针数	加减针
⑥~㉓	12针	没有加减针
⑤	12针	加3针
③、④	9针	没有加减针
②	9针	加3针
①	绕线环起针，钩6针短针	

使用钩针：7.5/0号

鼻子

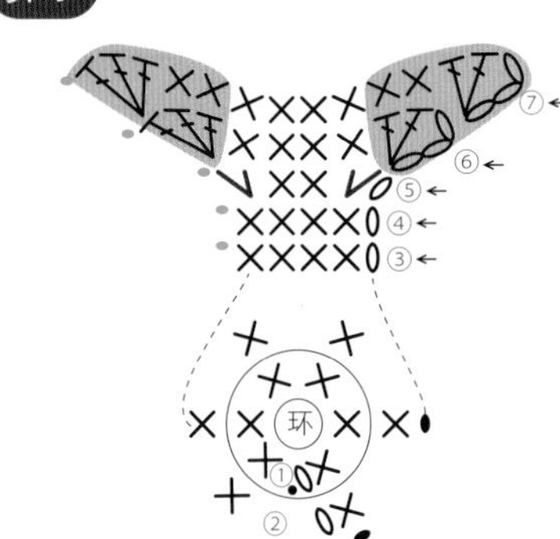

行数	针数	加减针
⑦	14针	加4针
⑥	10针	加4针
⑤	6针	加2针
④	4针	没有加减针
③	4针	减2针
②	6针	没有加减针
①	绕线环起针，钩6针短针	

使用钩针：4/0号

嘴巴

※以织物背面作为嘴巴正面

行数	针数	加减针
③	参照图解	
②	20针	没有加减针
①	9针锁针起针，参照图解钩20针	

使用钩针：4/0号

耳朵

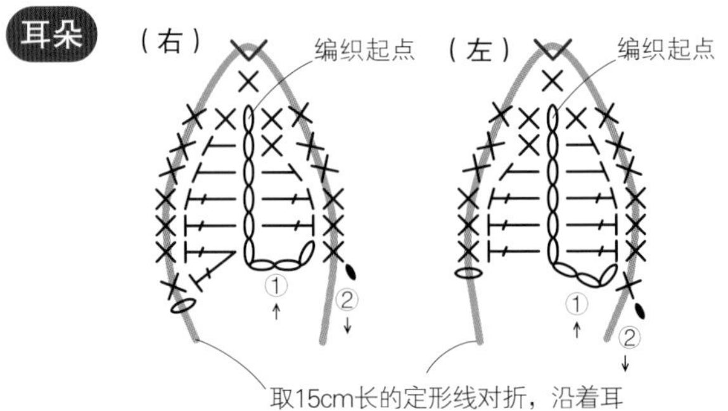

取15cm长的定形线对折，沿着耳朵的尖角形状包住定形线钩织

使用钩针：7.5/0号（耳朵外侧）、4/0号（耳朵内侧，不使用定形线）

结构图示
参照p.53

英国短毛猫

完成尺寸：高33cm、长20cm、尾巴20cm

正面

背面

侧面

使用的毛线和钩针

	部位	使用毛线	颜色	色号	股数			使用钩针
基础部分	头胸部、身体、前腿、后腿、尾巴、耳朵（外侧）	Piccolo	灰色	33	2股	4股	A	7.5/0
		MOHAIR	深灰色	74	2股			
	耳朵（内侧）、鼻子、嘴巴	Piccolo	灰色	33	1股	2股		4/0
		MOHAIR	深灰色	74	1股			
植毛							※A 和基础部分用线相同	

毛线使用量

部位	使用毛线	颜色	色号	使用量
基础部分 植毛	Piccolo	灰色	33	240g
	MOHAIR	深灰色	74	220g
眼睛（刺绣）	Piccolo	黑色	20	30cm
鼻子（刺绣）	Piccolo	黑色	20	30cm
嘴巴（刺绣）	Piccolo	黑色	20	30cm

其他材料

种类	颜色	形状	尺寸	用量
眼睛	黄色	猫咪眼睛	18mm	1对
胡须	透明		7cm	7根2份
填充棉				70g
定形线				耳朵15cm 2份
				前腿 50cm 2份
				尾巴 60cm

植毛长度

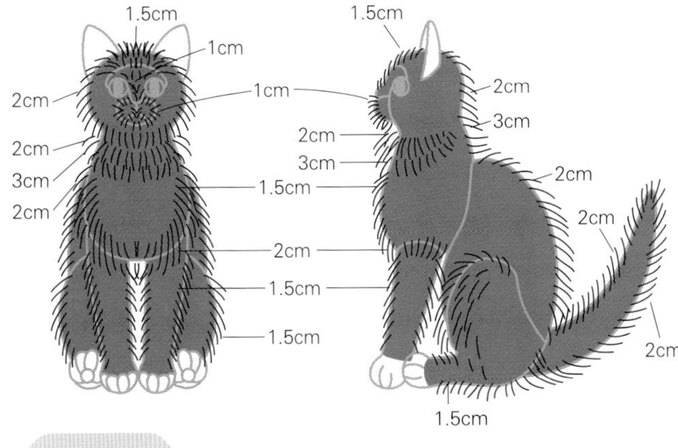

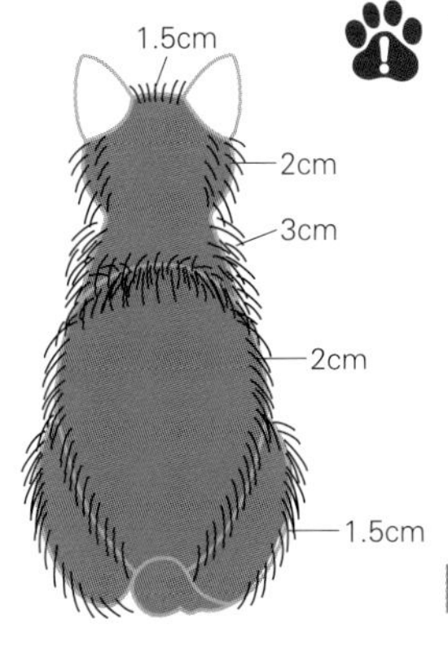

◆请参照从p.35开始的“猫咪玩偶的制作步骤”，完成制作。

◆耳朵、脚爪和腹部不需要植毛。

◆口鼻部分的植毛需要制作成圆形绒球的样子。

◆植毛全部完成后，修剪整形。参照p.8的成品图，在脖子一周植毛，修剪出层次。玩偶整体修剪出圆润的轮廓。

◆结构图示参照p.53。

A线

钩织图解

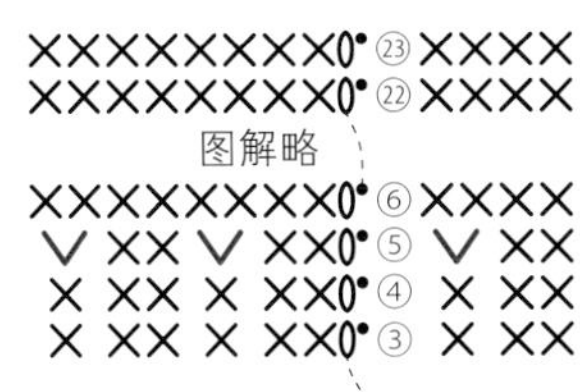

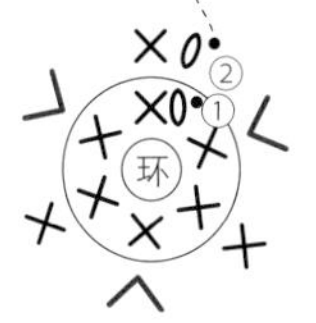

行数	针数	加减针
⑥~㉓	12针	没有加减针
⑤	12针	加3针
③、④	9针	没有加减针
②	9针	加3针
①	绕线环起针，钩6针短针	

使用钩针：7.5/0号

钩织图解

身体▶参照p.54
头胸部▶参照p.55
前腿▶参照p.59
后腿▶参照p.81
鼻子、嘴巴、耳朵▶参照p.56

结构图示

参照p.53

>>> p.16 布偶猫

完成尺寸：高33cm、长20cm、尾巴20cm

正面

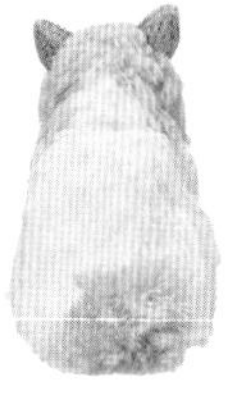

背面

侧面

使用的毛线和钩针

	部位	使用毛线	颜色	色号	股数			使用钩针
基础部分	头胸部、尾巴	Piccolo	浅米色	16	2 股	4 股	A（头部搭配 B 钩织）	7.5/0
		MOHAIR	奶白色	15	2 股			
	身体、前腿、后腿	Piccolo	白色	1	2 股	4 股	B	7.5/0
		MOHAIR	白色	1	2 股			
	耳朵（外侧）	Piccolo	米黄色	38	2 股	4 股		4/0
		MOHAIR	茶色	92	2 股			
	耳朵（内侧）、鼻子	Piccolo	浅米色	16	1 股	2 股		
		MOHAIR	奶白色	15	1 股			
	鼻子、嘴巴	Piccolo	白色	1	1 股	2 股		
		MOHAIR	白色	1	1 股			
植毛							※A、B 和基础部分用线相同	
	面部（眼睛周围）	MOHAIR	茶色	92	2 股	2 股	C	

毛线使用量

部位	使用毛线	颜色	色号	使用量
基础部分 植毛	Piccolo	白色	1	200g
	Piccolo	浅米色	16	60g
	Piccolo	茶色	38	10g
	MOHAIR	白色	1	200g
	MOHAIR	奶白色	15	60g
	MOHAIR	茶色	92	10g
鼻子（刺绣）	Piccolo	浅粉色	46	30cm
眼睛（刺绣）	MOHAIR	焦茶色	52	60cm
嘴巴（刺绣）	MOHAIR	茶色	92	30cm

其他材料

种类	颜色	形状	尺寸	用量
眼睛	透明	水晶眼睛	15mm	1 对
胡须	透明		7cm	7 根 2 份
填充棉				70g
定形线				耳朵 15cm 2 份
				前腿 50cm 2 份
				尾巴 60cm

将透明眼睛涂成灰蓝色。使用丙烯颜料（耐水性）在眼睛的背面涂上颜色（参照p.34）。

如果使用市售的眼睛配件，推荐选择澄蓝色的水晶眼睛（15mm）。

植毛长度

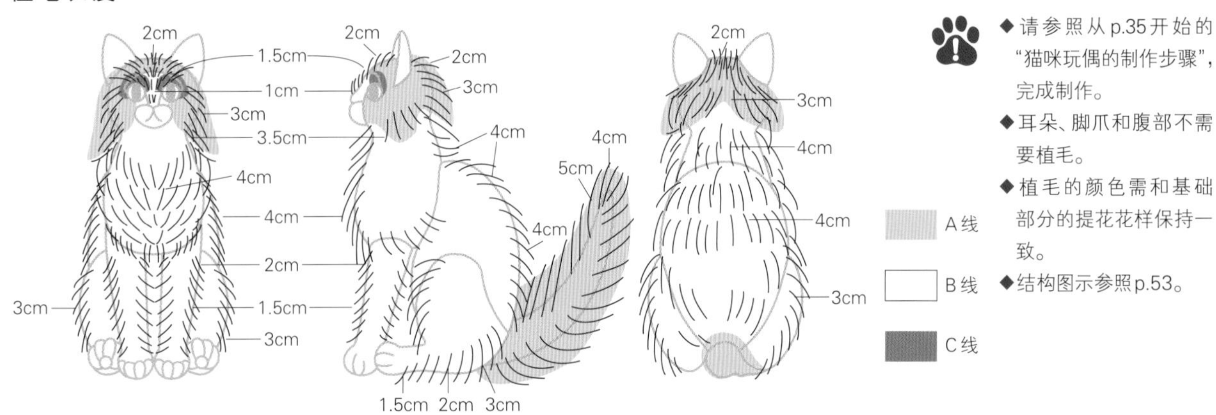

◆请参照从 p.35 开始的“猫咪玩偶的制作步骤”，完成制作。

◆耳朵、脚爪和腹部不需要植毛。

◆植毛的颜色需和基础部分的提花花样保持一致。

◆结构图示参照p.53。

钩织图解

V = 加针 ● =方法参照p.42

尾巴

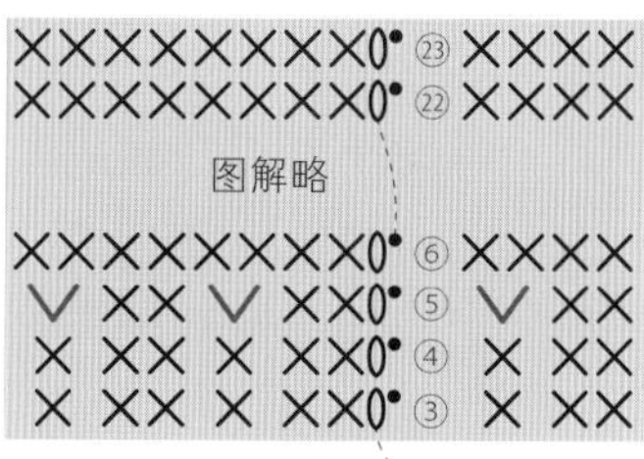

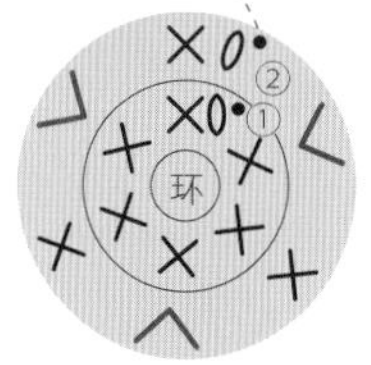

行数	针数	加减针
⑥~㉓	12针	没有加减针
⑤	12针	加3针
③、④	9针	没有加减针
②	9针	加3针
①	绕线环起针，钩6针短针	

使用钩针：7.5/0号

鼻子

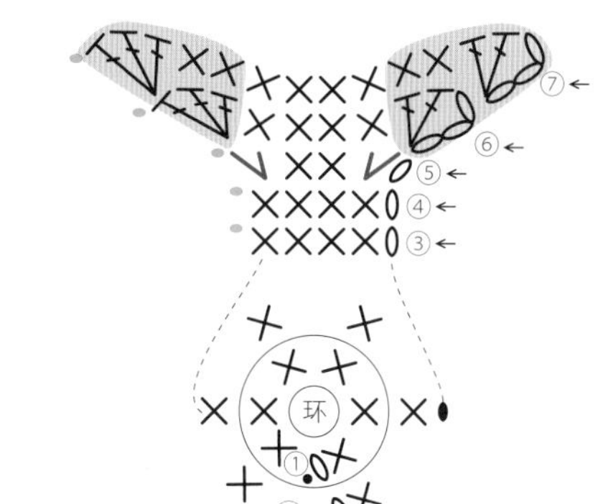

行数	针数	加减针
⑦	14针	加4针
⑥	10针	加4针
⑤	6针	加2针
④	4针	没有加减针
③	4针	减2针
②	6针	没有加减针
①	绕线环起针，钩6针短针	

使用钩针：4/0号

嘴巴

※以织物背面作为嘴巴正面

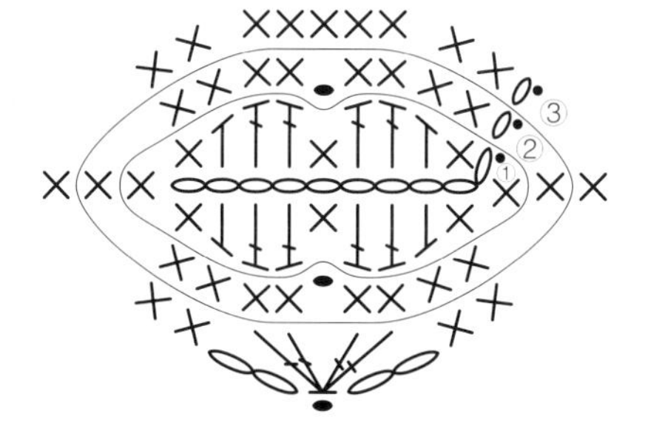

行数	针数	加减针
③	参照图解	
②	20针	没有加减针
①	9针锁针起针，参照图解钩20针	

使用钩针：4/0号

耳朵

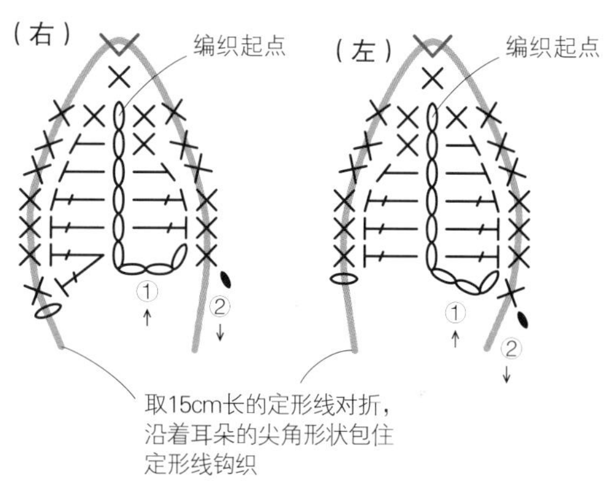

使用钩针：4/0号（耳朵外侧）
（耳朵内侧，不使用定形线）

钩织图解

身体▶参照p.54

头胸部 ▶参照p.59

前腿▶参照p.59

后腿▶参照p.81

结构图示

参照p.53

>>> p.18　三花猫（猫妈妈）

完成尺寸：高33cm、长20cm、尾巴4cm

正面

背面

侧面

使用的毛线和钩针

	部位	使用毛线	颜色	色号	股数			使用钩针
基础部分	头胸部、身体、前腿、后腿	Piccolo	白色	1	2 股	4 股	A	7.5/0
		MOHAIR	白色	1	2 股			
	尾巴	Piccolo	黑色	20	2 股	4 股	B	7.5/0
		MOHAIR	黑色	25	2 股			
	耳朵（外侧）	Piccolo	金茶色	21	2 股	4 股	C	7.5/0
		MOHAIR	茶色	92	2 股			
	耳朵（内侧）	MOHAIR	茶色	92	2 股	2 股		4/0
	鼻子、嘴巴	Piccolo	白色	1	1 股	2 股		4/0
		MOHAIR	白色	1	1 股			
植毛							※A、B、C和基础部分用线相同	

毛线使用量

部位	使用毛线	颜色	色号	使用量
基础部分 植毛	Piccolo	白色	1	190g
	Piccolo	金茶色	21	25g
	Piccolo	黑色	20	15g
	MOHAIR	白色	1	190g
	MOHAIR	茶色	92	25g
	MOHAIR	黑色	25	15g
鼻子（刺绣）	Piccolo	浅粉色	40	30cm
嘴巴（刺绣）	MOHAIR	茶色	92	30cm

其他材料

种类	颜色	形状	尺寸	用量
眼睛	绿色	猫咪眼睛	18mm	1 对
胡须	透明		7cm	7 根 2 份
填充棉				70g
定形线				耳朵 15cm 2 份
				前腿 50cm 2 份

植毛长度

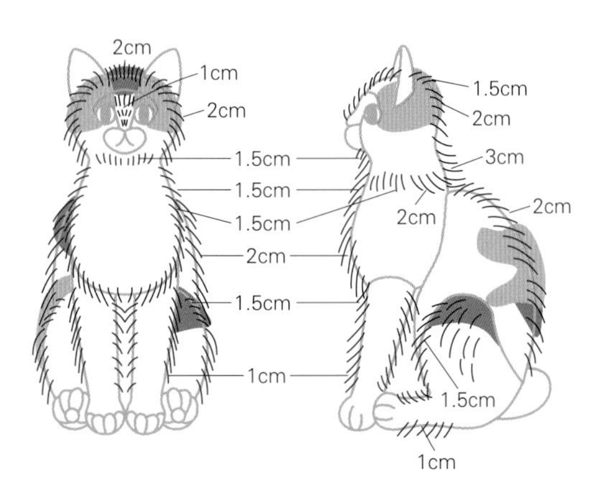

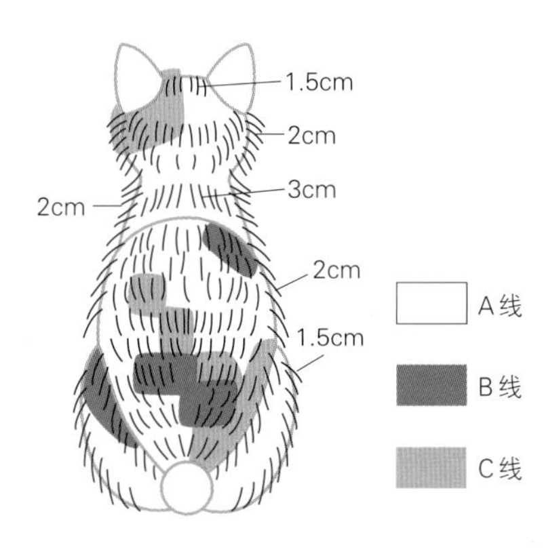

- ◆请参照从p.35开始的"猫咪玩偶的制作步骤"，完成制作。
- ◆耳朵、脚爪、腹部和尾巴不需要植毛。
- ◆花纹部分先植毛，其他部分全部使用白色毛线植毛。
- ◆使用毛刷，在耳朵背面和尾巴上刮绒。
- ◆结构图示参照p.53。

植毛示意图 ※根据花纹的不同，植毛完成的效果会存在一定的差异

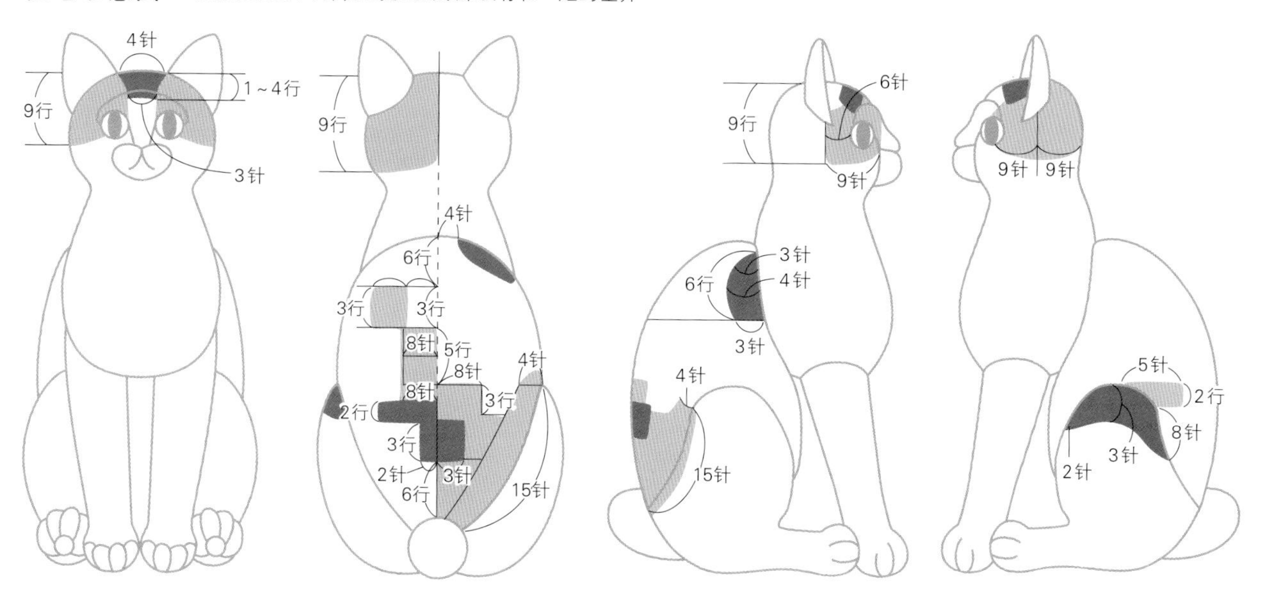

钩织图解

尾巴

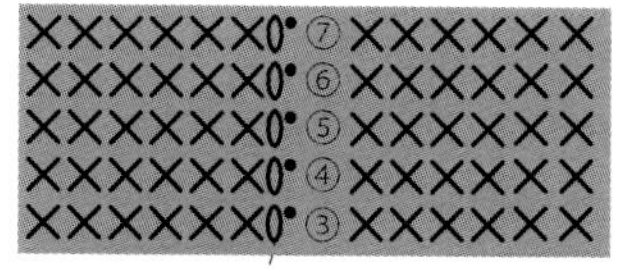

行数	针数	加减针
③～⑦	12针	没有加减针
②	12针	加6针
①	绕线环起针，钩6针短针	

使用钩针：7.5/0号

嘴巴

※以织物背面作为嘴巴正面

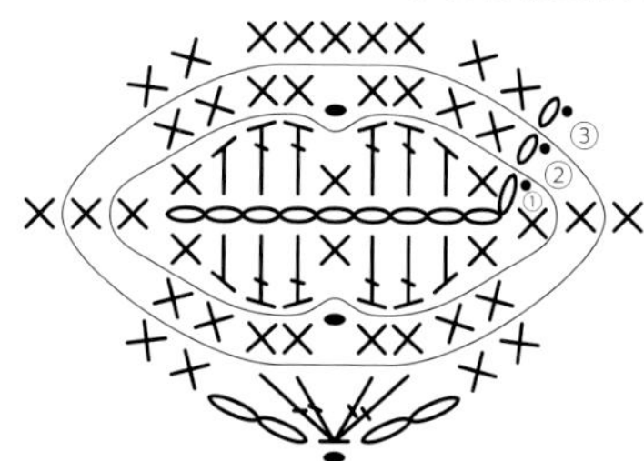

行数	针数	加减针
③	参照图解	
②	20针	没有加减针
①	9针锁针起针，参照图解钩20针	

使用钩针：4/0号

鼻子

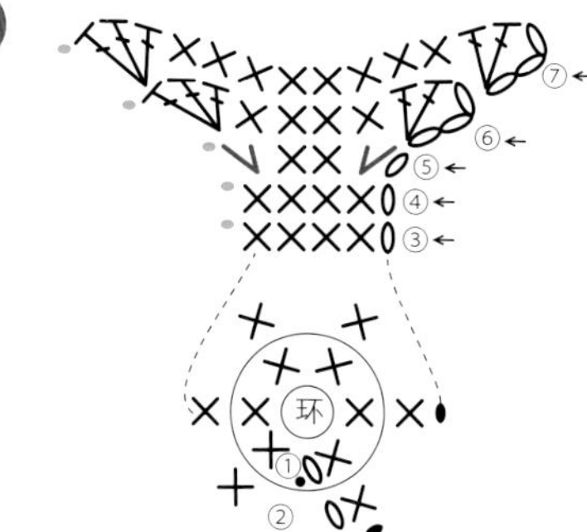

行数	针数	加减针
⑦	14针	加4针
⑥	10针	加4针
⑤	6针	加2针
④	4针	没有加减针
③	4针	减2针
②	6针	没有加减针
①	绕线环起针，钩6针短针	

使用钩针：4/0号

耳朵

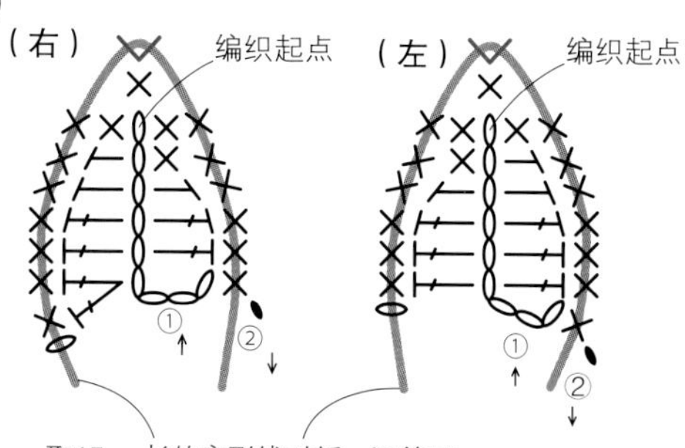

取15cm长的定形线对折，沿着耳朵的尖角形状包住定形线钩织

使用钩针：7.5/0号（耳朵外侧）、4/0号（耳朵内侧，不使用定形线）

钩织图解

身体▶参照p.54
头胸部▶参照p.55
前腿▶参照p.59
后腿▶参照p.81

结构图示

参照p.53

>>> p.18　三花猫（猫宝宝）

完成尺寸：高21cm、长19cm、尾巴3cm

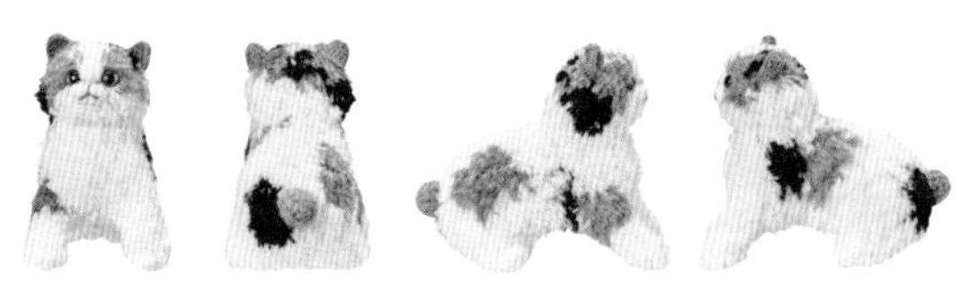

正面　　背面　　侧面

使用的毛线和钩针

	部位	使用毛线	颜色	色号	股数			使用钩针
基础部分	头胸部、身体、前腿、后腿	Piccolo	白色	1	2 股	4 股	A	7/0
		MOHAIR	白色	1	2 股			
	尾巴	Piccolo	金茶色	21	2 股	4 股	B	7/0
		MOHAIR	茶色	92	2 股			
	耳朵（外侧）	Piccolo	金茶色	21	1 股	2 股		4/0
		MOHAIR	茶色	92	1 股			
	耳朵（内侧）	MOHAIR	茶色	92	1 股	1 股		3/0
	鼻子、嘴巴	Piccolo	白色	1	1 股	2 股		4/0
		MOHAIR	白色	1	1 股			
植毛							※A、B和基础部分用线相同	
		Piccolo	黑色	20	2股	4 股	C	
		MOHAIR	黑色	25	2股			

毛线使用量

部位	使用毛线	颜色	色号	使用量
基础部分 植毛	Piccolo	白色	1	80g
	Piccolo	金茶色	21	15g
	Piccolo	黑色	20	10g
	MOHAIR	白色	1	75g
	MOHAIR	茶色	92	15g
	MOHAIR	黑色	25	10g
鼻子（刺绣）	Piccolo	浅粉色	40	30cm
嘴巴（刺绣）	MOHAIR	茶色	92	30cm

其他材料

种类	颜色	形状	尺寸	用量
眼睛	澄蓝色	猫咪眼睛	15mm	1 对
胡须	透明	7cm 剪去 1cm	6cm	7 根 2 份
填充棉				30g
定形线				耳朵 12cm 2 份
				前腿 36cm 2 份

植毛长度

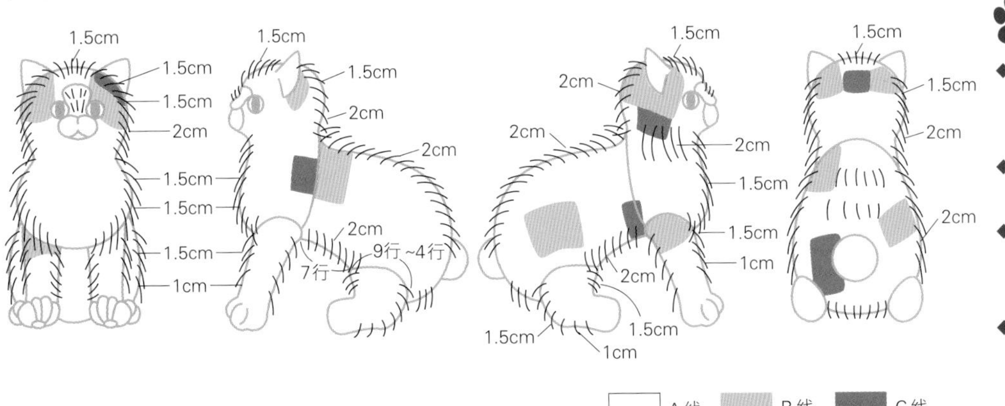

◆请参照从p.35开始的"猫咪玩偶的制作步骤"，完成制作。

◆耳朵、脚爪、腹部和尾巴不需要植毛。

◆花纹部分先植毛，其他部分全部使用白色毛线植毛。

◆使用毛刷，在耳朵背面和尾巴上刮绒。

植毛示意图

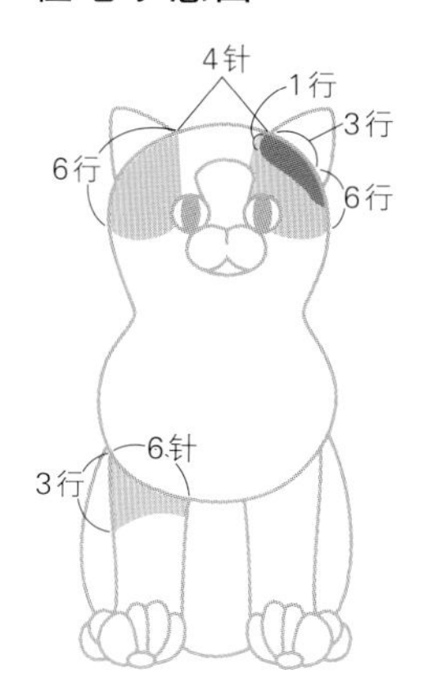

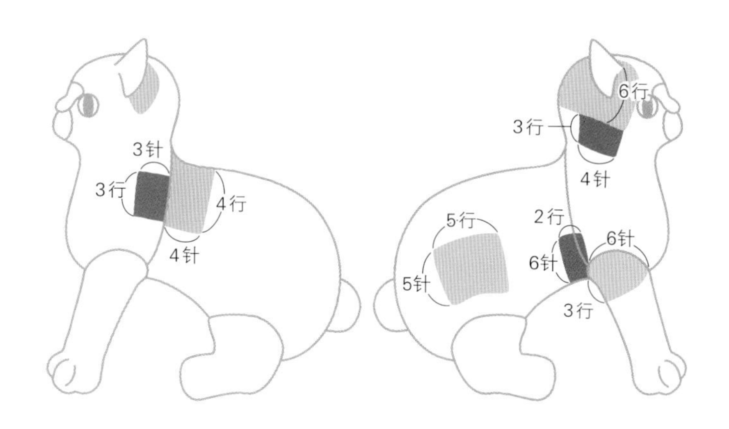

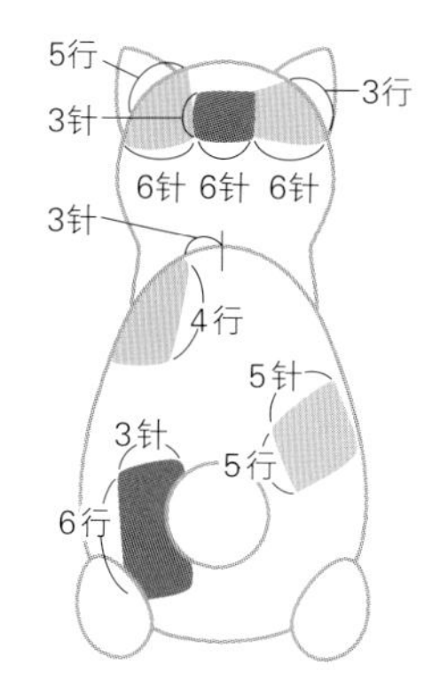

结构图示

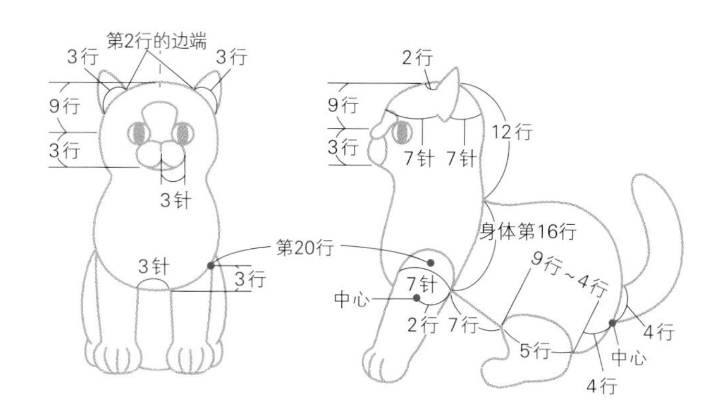

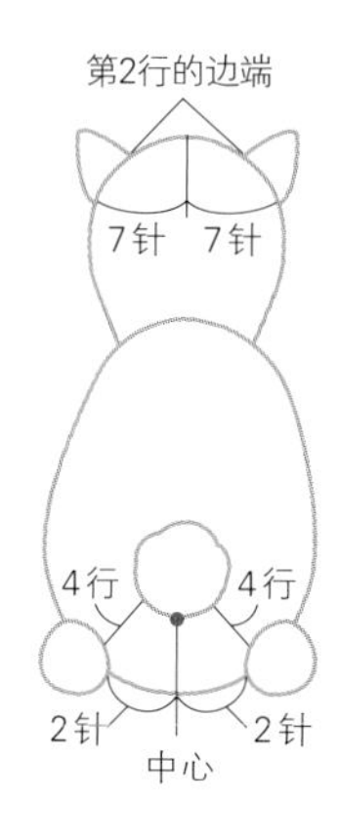

身体

行数	针数	加减针
⑯	32针	没有加减针
⑮		
⑭		
⑬	32针	加2针
⑫	30针	没有加减针
⑪		
⑩	30针	减2针
⑨	32针	没有加减针
⑧		
⑦		
⑥	32针	加2针
⑤	30针	加6针
④	24针	加6针
③	18针	加6针
②	12针	加6针
①	绕线环起针，钩6针短针	

使用钩针：7/0号

头胸部

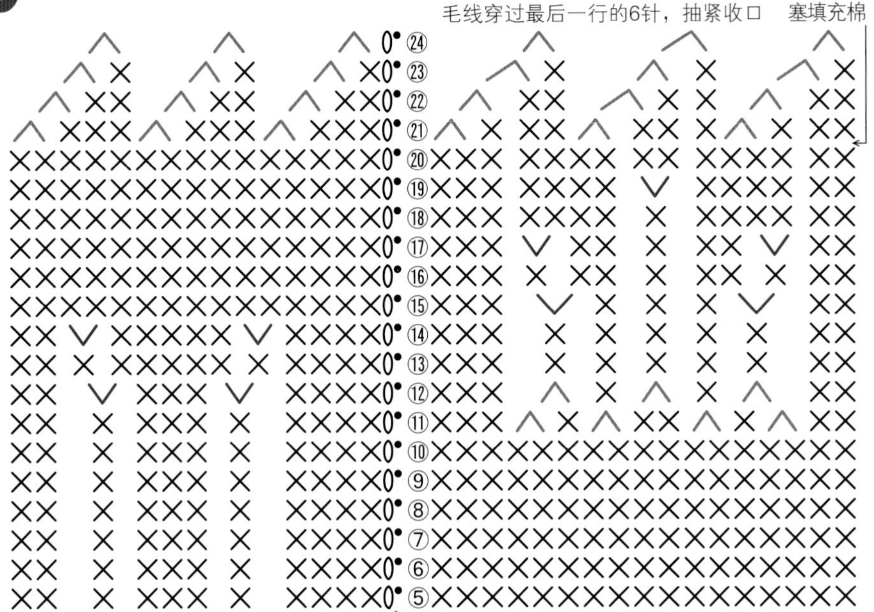

行数	针数	加减针
㉔	6针	减6针
㉓	12针	减6针
㉒	18针	减6针
㉑	24针	减6针
⑳	30针	没有加减针
⑲	30针	加1针
⑱	29针	没有加减针
⑰	29针	加2针
⑯	27针	没有加减针
⑮	27针	加2针
⑭	25针	加2针
⑬	23针	没有加减针
⑫	23针	减1针
⑪	24针	减4针
⑤~⑩	28针	没有加减针
④	28针	加4针
③	24针	加8针
②	16针	加8针
①	3针锁针起针，钩8针短针	

使用钩针：7/0号

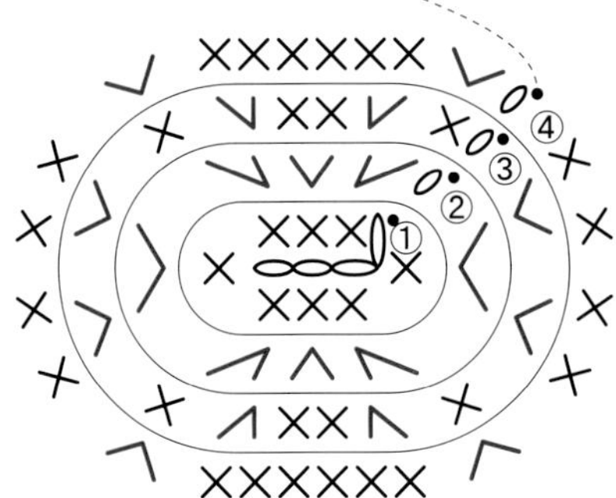

前腿

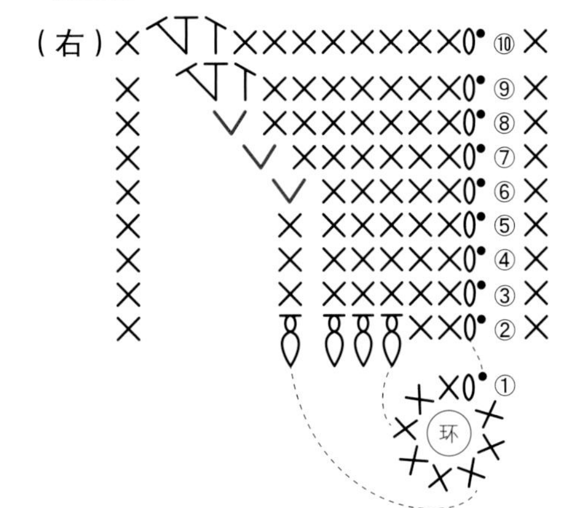

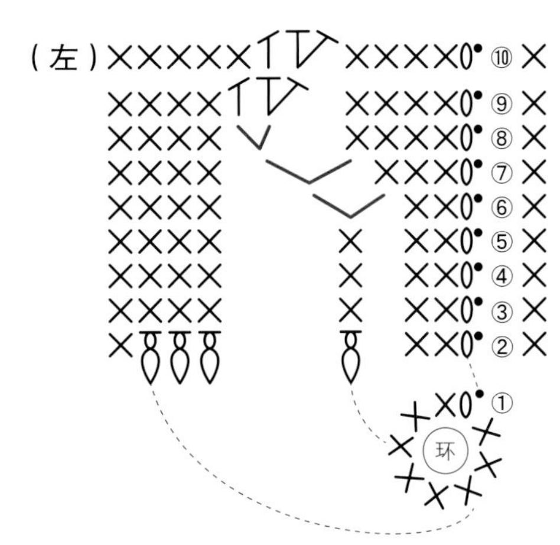

行数	针数	加减针
⑩	13针	加1针
⑨	12针	加1针
⑧	11针	加1针
⑦	10针	加1针
⑥	9针	加1针
②~⑤	8针	没有加减针
①	绕线环起针，钩8针短针	

使用钩针：7/0号

后腿 2片

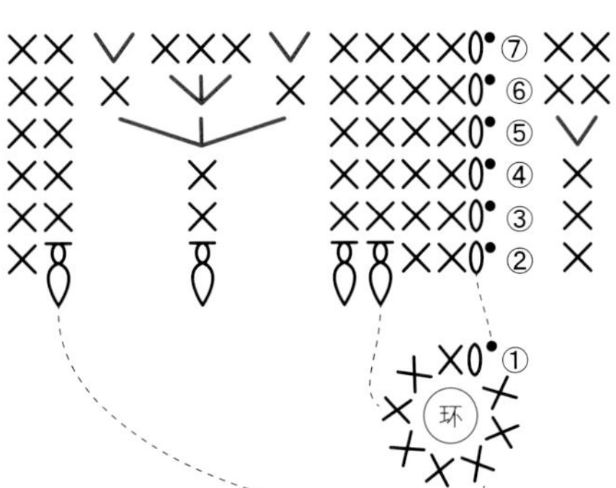

行数	针数	加减针
⑦	15针	加2针
⑥	13针	加2针
⑤	11针	加3针
②~④	8针	没有加减针
①	绕线环起针，钩8针短针	

使用钩针：7/0号

尾巴

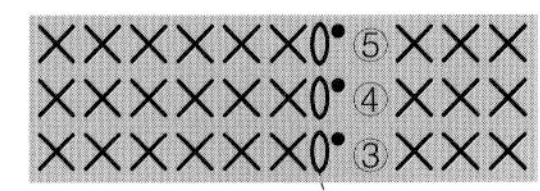

行数	针数	加减针
③~⑤	9针	没有加减针
②	9针	加3针
①	绕线环起针，钩6针短针	

使用钩针：7/0号

鼻子

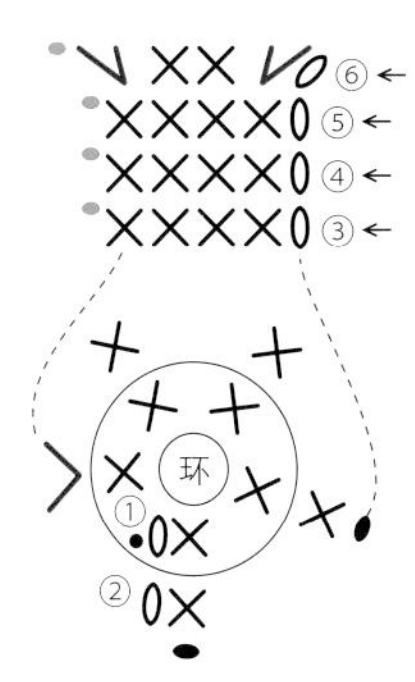

行数	针数	加减针
⑥	6针	加2针
⑤	4针	没有加减针
④		
③	4针	参照图解
②	6针	加1针
①	绕线环起针，钩5针短针	

使用钩针：4/0号

嘴巴

※以织物背面作为嘴巴正面

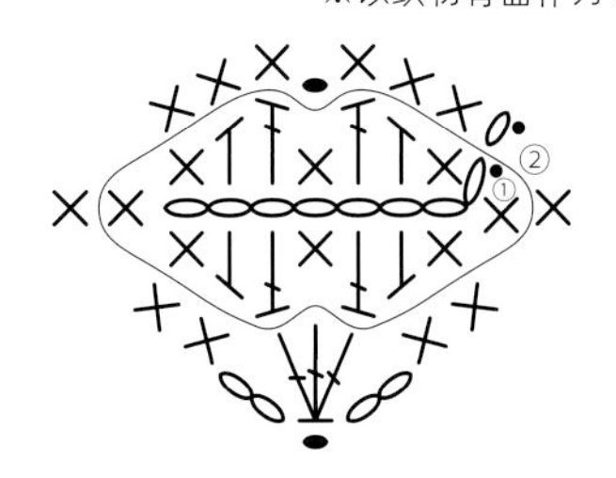

行数	针数	加减针
②	参照图解	
①	7针锁针起针，参照图解钩16针	

使用钩针：4/0号

耳朵

耳朵外侧（右） （左）

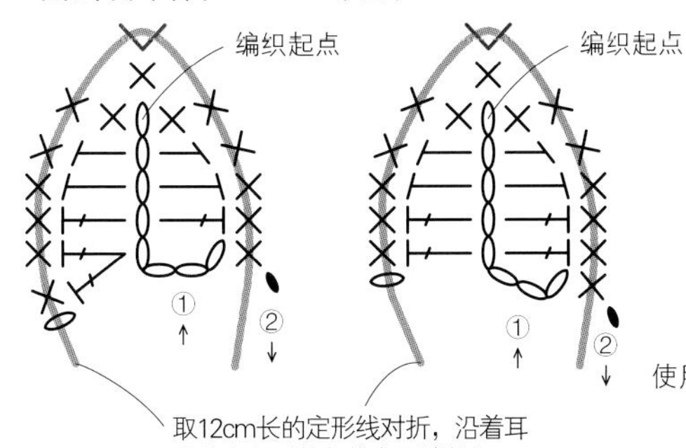

使用钩针：4/0号（耳朵外侧）

取12cm长的定形线对折，沿着耳朵的尖角形状包住定形线钩织

耳朵内侧（右） （左）

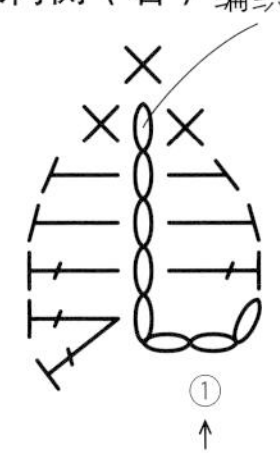

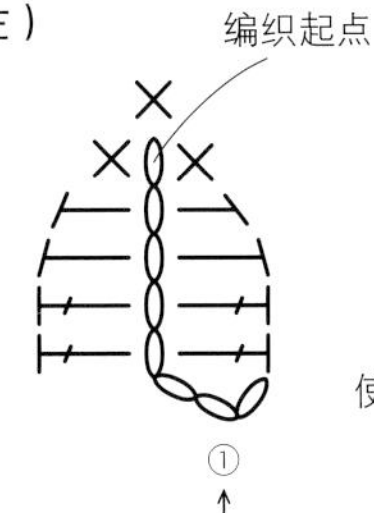

使用钩针：3/0号（耳朵内侧）

>>> p.11 # 曼德勒猫

完成尺寸：高31cm、长27cm、尾巴16cm

使用的毛线和钩针

部位	使用毛线	颜色	色号	股数		使用钩针
头胸部、身体、前腿、后腿、尾巴	Piccolo	黑色	20	2 股	4 股	7.5/0
	MOHAIR	黑色	25	2 股		
耳朵、鼻子、嘴巴	Piccolo	黑色	20	1 股	2 股	4/0
	MOHAIR	黑色	25	1 股		

※不需要植毛

毛线使用量

	使用毛线	颜色	色号	使用量
基础部分	Piccolo	黑色	20	160g
	MOHAIR	黑色	25	140g

其他材料

种类	颜色	形状	尺寸	用量
眼睛	米黄色	猫咪眼睛	18mm	1 对
鼻子	黑色	三角	12mm	1 个
填充棉				70g
胡须	黑色		7cm	7 根 2 份
定形线				前腿 50cm 2 份
				后腿 50cm 2 份
				尾巴 60cm

结构图示(正面)

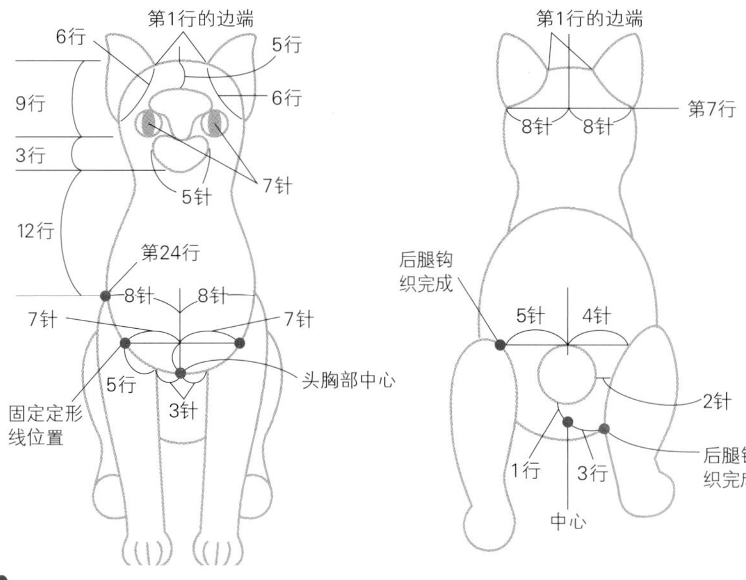

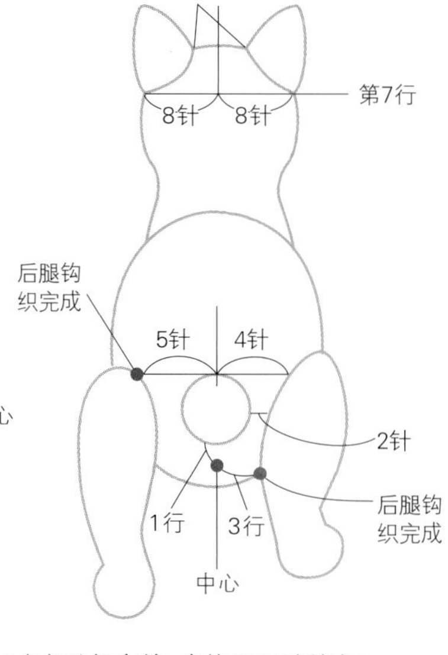

◆请参照从p.35开始的"猫咪玩偶的制作步骤"，完成制作。

◆除鼻子以外，其他部分都以织物背面作为正面使用。

◆使用鼻子配件，插在合适的位置。

◆各部分组合前，先使用毛刷刮绒5或6次。

◆修剪刮绒时拉出的过长的毛线。最后再使用毛刷刮绒，使整体更和谐。

后腿的组合方法

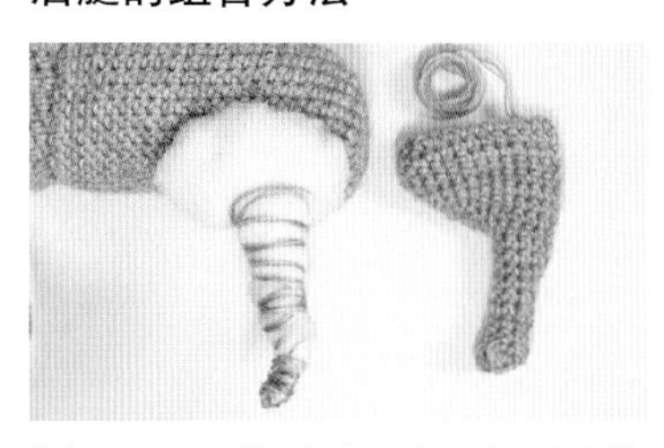

根据后腿的形状，在定形线上缠绕填充棉和毛线。腿的根部也需要塞入填充棉。

※为了便于理解，这里使用了灰色的毛线示范制作

将后腿的外侧和身体缝合，身体内侧和腿部会形成自然的缝合线（紫色线），缝合紫色线及上方的3行，尽量不要露出针目（缝合时将内侧的织物塞入）。缝合后的曲线自然圆润。

结构图示（侧面）

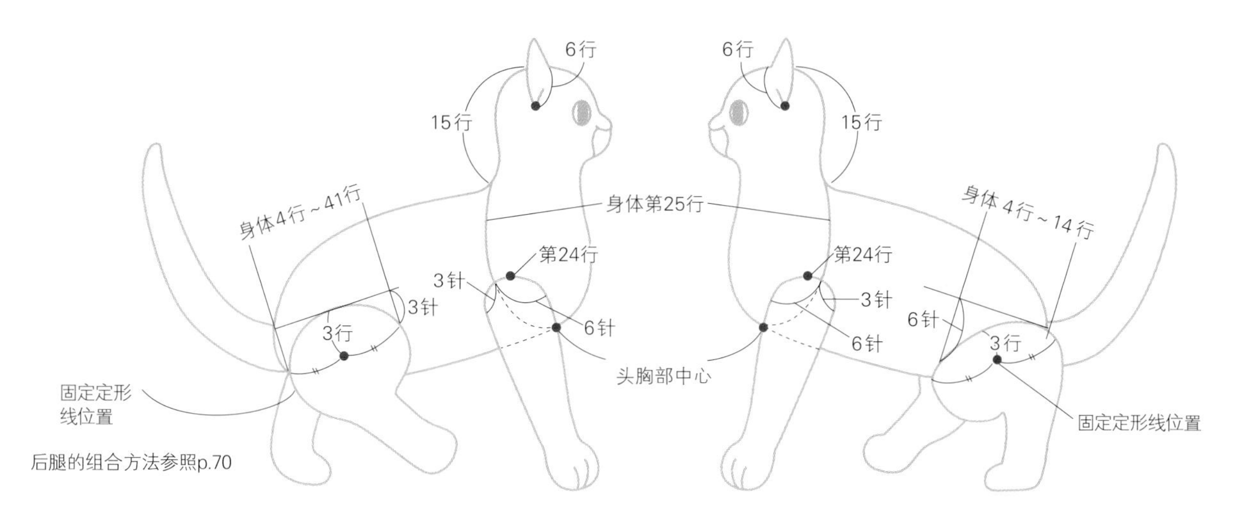

钩织图解

身体

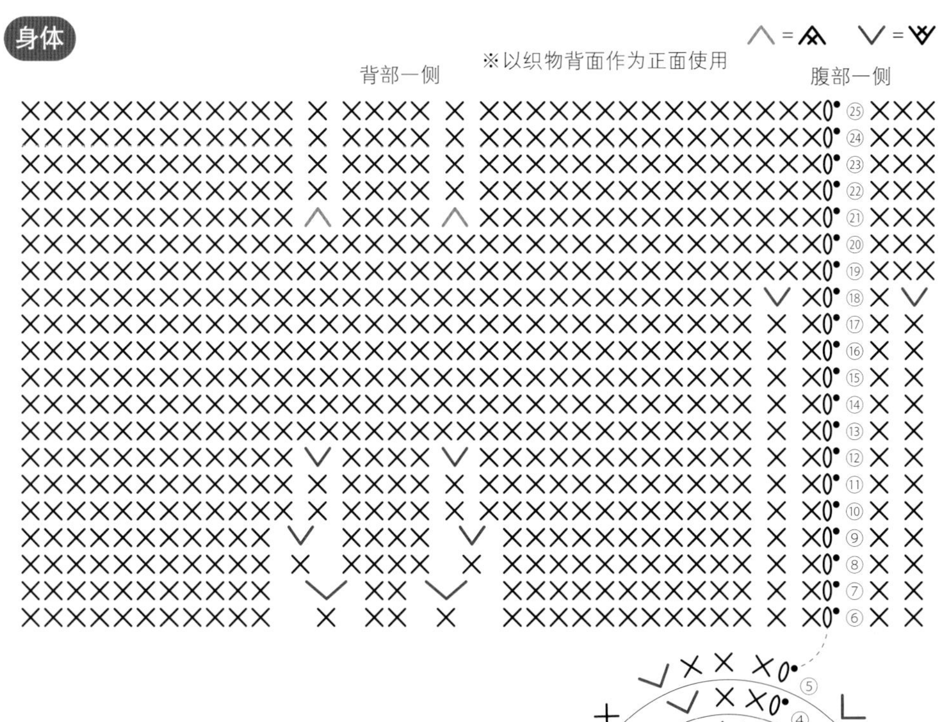

行数	针数	加减针
㉕	36针	没有加减针
㉔		
㉓		
㉒		
㉑	36针	减2针
⑳	38针	没有加减针
⑲		
⑱	38针	加2针
⑰	36针	没有加减针
⑯		
⑮		
⑭		
⑬		
⑫	36针	加2针
⑪	34针	没有加减针
⑩		
⑨	34针	加2针
⑧	32针	没有加减针
⑦	32针	加2针
⑥	30针	没有加减针
⑤	30针	加6针
④	24针	加6针
③	18针	加6针
②	12针	加6针
①	绕线环起针，钩6针短针	

使用钩针：7.5/0号

头胸部

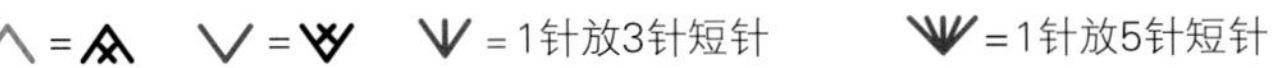

※以织物背面作为正面使用 毛线穿过最后一行的6针，抽紧收口 塞填充棉

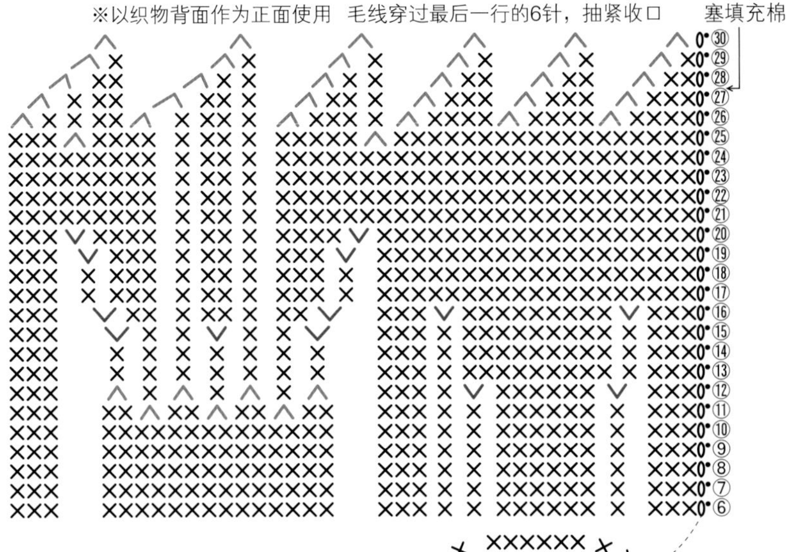

行数	针数	加减针
㉚	6针	减6针
㉙	12针	减6针
㉘	18针	减6针
㉗	24针	减6针
㉖	30针	减6针
㉕	36针	减2针
㉑～㉔	38针	没有加减针
⑳	38针	加2针
⑲	36针	加2针
⑰、⑱	34针	没有加减针
⑯	34针	加4针
⑮	30针	加3针
⑬、⑭	27针	没有加减针
⑫	27针	减2针
⑪	29针	减3针
⑥~⑩	32针	没有加减针
⑤	32针	加4针
④	28针	加4针
③	24针	加8针
②	16针	加8针
①	3针锁针起针，钩8针短针	

使用钩针：7.5/0号

前腿

※以织物背面作为正面使用，所以钩织图解和其他的玩偶相同，但左右区分不同

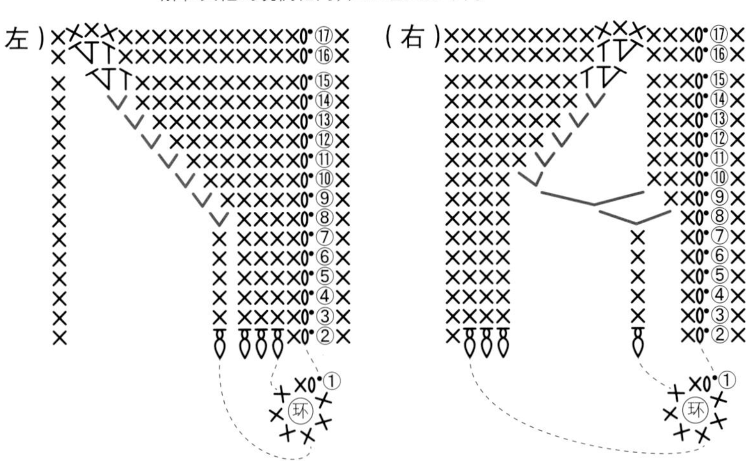

行数	针数	加减针
⑰	16针	没有加减针
⑯	16针	加1针
⑮	15针	加1针
⑭	14针	加1针
⑬	13针	加1针
⑫	12针	加1针
⑪	11针	加1针
⑩	10针	加1针
⑨	9针	加1针
⑧	8针	加1针
②～⑦	7针	没有加减针
①	绕线环起针，钩7针短针	

使用钩针：7.5/0号

※以织物背面作为正面使用

后腿 2片

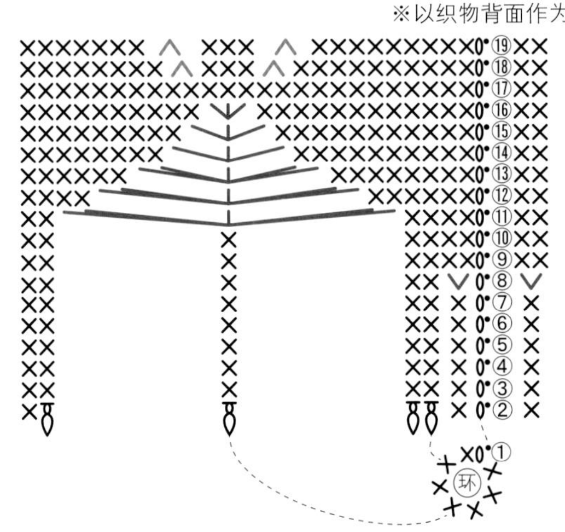

行数	针数	加减针
⑲	23针	减2针
⑱	25针	减2针
⑰	27针	没有加减针
⑯	27针	加2针
⑮	25针	加2针
⑭	23针	加2针
⑬	21针	加4针
⑫	17针	加4针
⑪	13针	加4针
⑨、⑩	9针	没有加减针
⑧	9针	加2针
②~⑦	7针	没有加减针
①	绕线环起针，钩7针短针	

使用钩针：7.5/0号

※以织物背面作为正面使用

行数	针数	加减针
㉒、㉓	11针	没有加减针
㉑	11针	加1针
⑬~⑳	10针	没有加减针
⑫	10针	加1针
⑨~⑪	9针	没有加减针
⑧	9针	加1针
⑤~⑦	8针	没有加减针
④	8针	加1针
③	7针	加1针
②	6针	加1针
①	绕线环起针，钩5针短针	

使用钩针：7.5/0号

● = 方法参照p.42

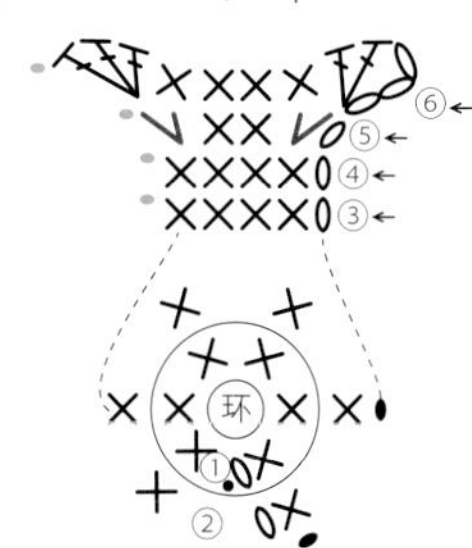

行数	针数	加减针
⑥	10针	加4针
⑤	6针	加2针
④	4针	没有加减针
③	4针	减2针
②	6针	没有加减针
①	绕线环起针，钩6针短针	

使用钩针：4/0号

※以织物背面作为正面使用

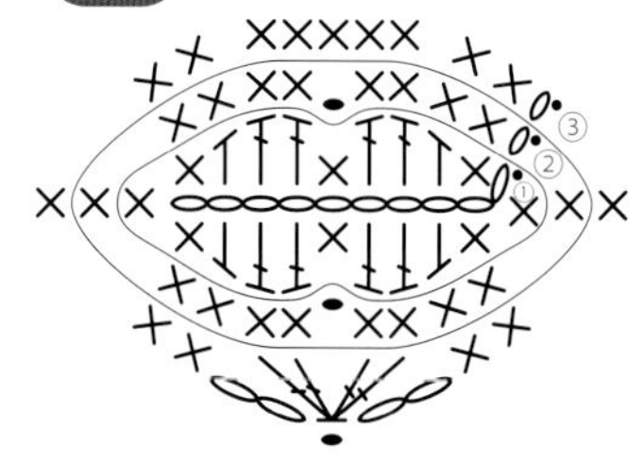

行数	针数	加减针
③	参照图解	
②	20针	没有加减针
①	9针锁针起针，参照图解钩20针	

使用钩针：4/0号

耳朵 2片

※以织物背面作为正面使用

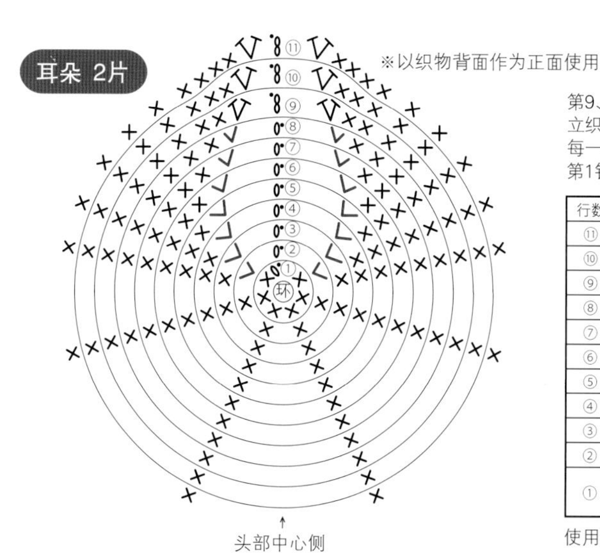

第9、10、11行中长针的2针立织锁针不计入针数。
每一行钩织完成，钩针插入第1针中长针的针目钩织引拔针。

行数	针数	加减针
⑪	26针	加2针
⑩	24针	加2针
⑨	22针	加2针
⑧	20针	加2针
⑦	18针	加2针
⑥	16针	加2针
⑤	14针	加2针
④	12针	加2针
③	10针	加2针
②	8针	加2针
①	绕线环起针，钩6针短针	

使用钩针：4/0号

>>> p.25 美国短毛猫

完成尺寸：高27cm、长20cm、尾巴17cm

正面

背面

侧面

使用的毛线和钩针

	部位	使用毛线	颜色	色号	股数			使用钩针
基础部分	头胸部、身体、耳朵（外侧）	Piccolo	灰色	33	2股	4股	A	7.5/0
		MOHAIR	深灰色	74	2股			
	前腿、后腿、尾巴	Piccolo	黑色	20	2股	4股	B（搭配A钩织）	7.5/0
		MOHAIR	黑色	25	2股			
	鼻子、嘴巴	Piccolo	灰色	33	1股	2股		4/0
		MOHAIR	深灰色	74	1股			
	耳朵（内侧）	Piccolo	浅粉色	46	1股	2股		4/0
		MOHAIR	深灰色	74	1股			
植毛							※A、B和基础部分用线相同	

毛线使用量

部位	使用毛线	颜色	色号	使用量
基础部分 植毛	Piccolo	灰色	33	160g
	Piccolo	黑色	20	20g
	Piccolo	浅粉色	46	10g
	MOHAIR	深灰色	74	170g
	MOHAIR	黑色	25	20g
鼻子（刺绣）	Piccolo	橙红色	39	30cm
眼睛、鼻子（刺绣）	Piccolo	黑色	20	90cm
嘴巴（刺绣）	Piccolo	黑色	20	30cm

其他材料

种类	颜色	形状	尺寸	用量
眼睛	黄绿色	猫咪眼睛	18mm	1对
胡须	透明		7cm	7根2份
填充棉				60g
定形线				耳朵15cm 2份
				前腿50cm 2份
				尾巴50cm

植毛长度

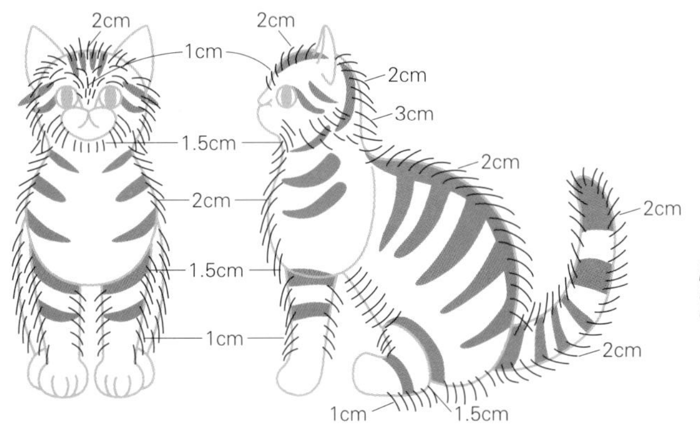

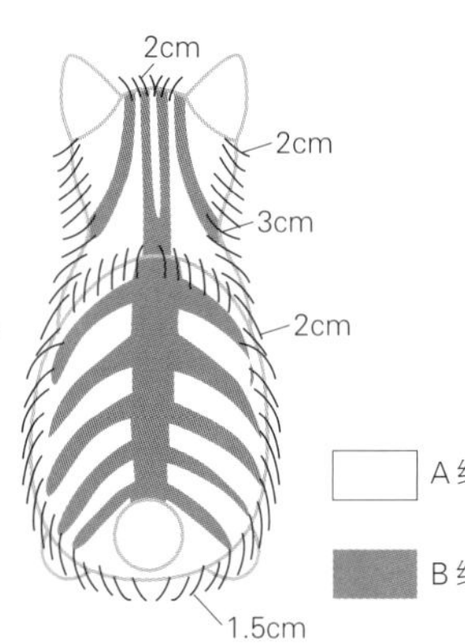

◆请参照从p.35开始的“猫咪玩偶制作步骤”，完成制作。
◆耳朵、脚爪和腹部不需要植毛。
◆使用毛刷，在耳朵背面刮绒。
◆可以尝试随意地排列花纹，制作大理石纹的美国短毛猫。
◆参照p.51，在鼻子两侧刺绣。

植毛示意图

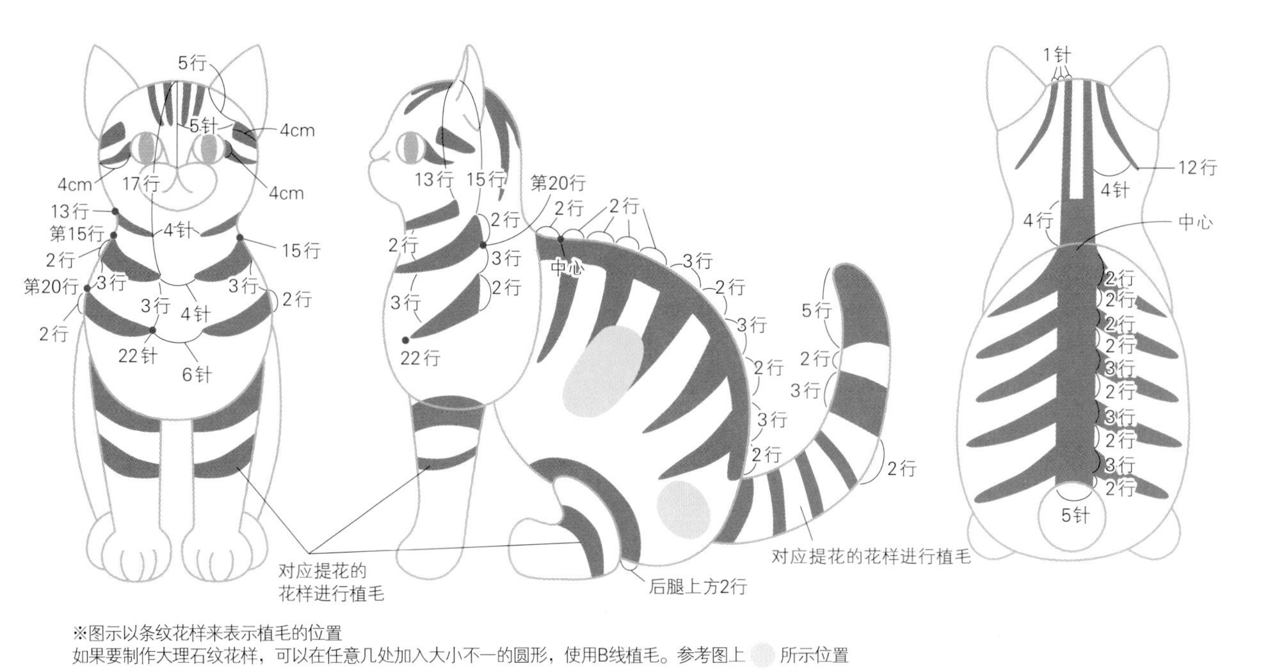

※图示以条纹花样来表示植毛的位置
如果要制作大理石纹花样，可以在任意几处加入大小不一的圆形，使用B线植毛。参考图上 所示位置

结构图示

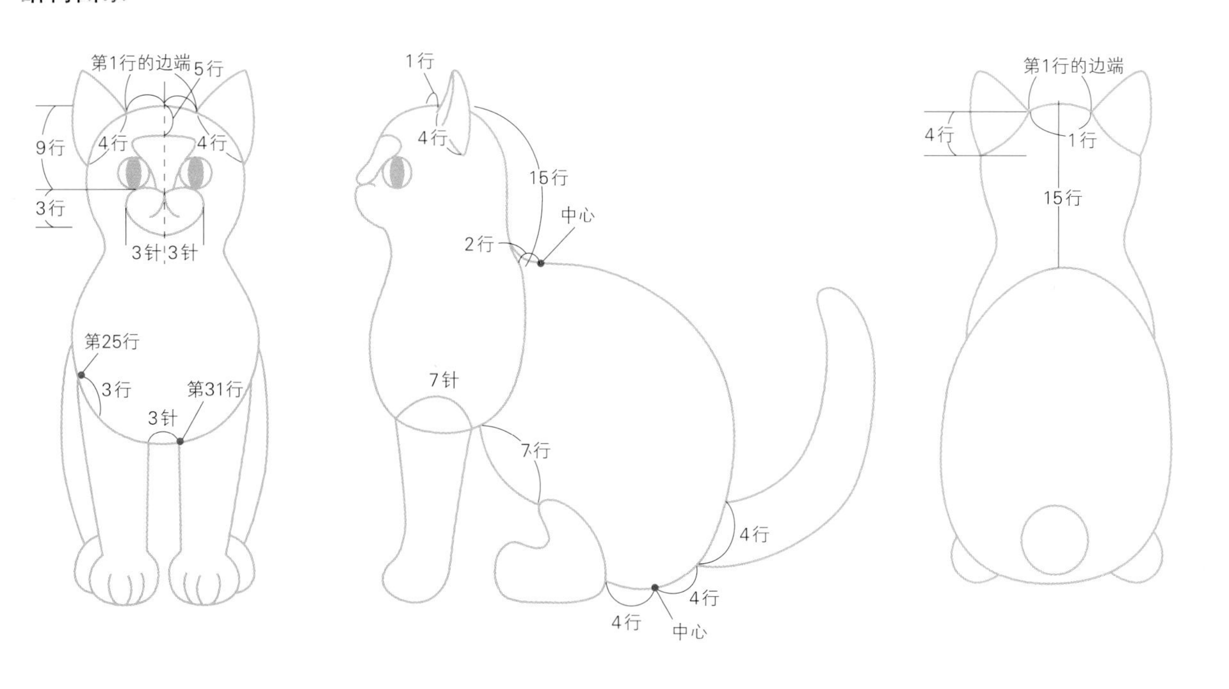

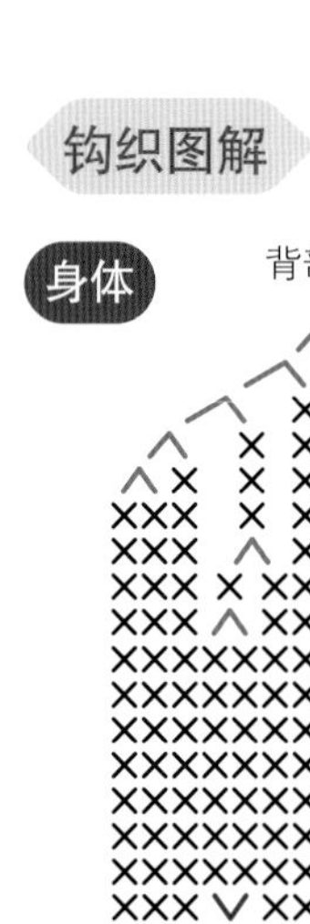

钩织图解

= 1针放3针短针

身体

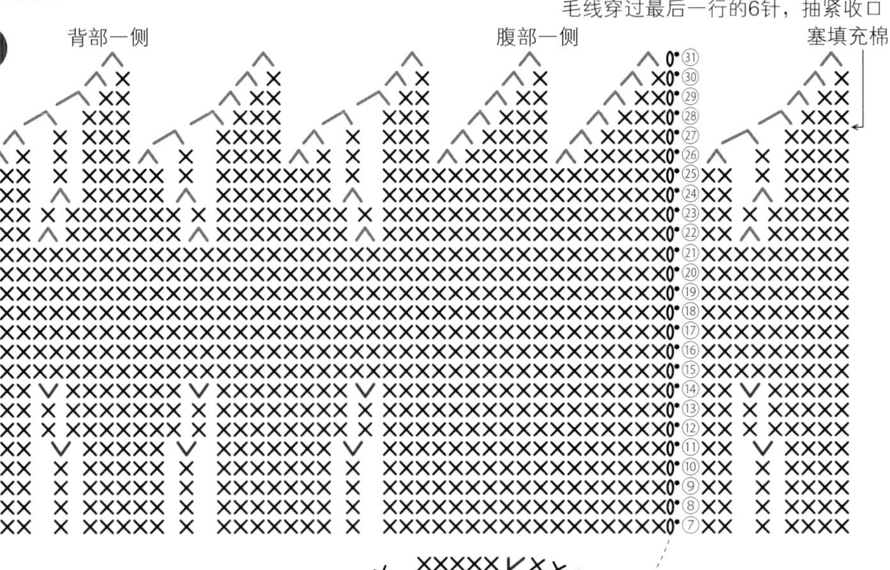

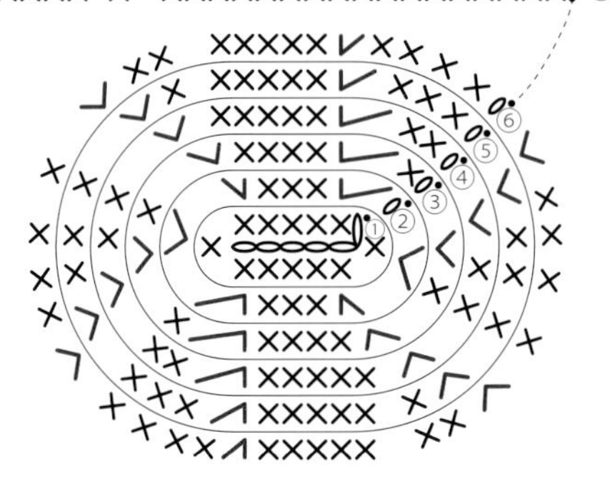

行数	针数	加减针
㉛	6针	减6针
㉚	12针	减6针
㉙	18针	减6针
㉘	24针	减6针
㉗	30针	减6针
㉖	36针	减6针
㉕	42针	没有加减针
㉔	42针	减4针
㉓	46针	没有加减针
㉒	46针	减4针
⑮~㉑	50针	没有加减针
⑭	50针	加4针
⑫、⑬	46针	没有加减针
⑪	46针	加4针
⑦~⑩	42针	没有加减针
⑥	42针	加6针
⑤	36针	加6针
④	30针	加6针
③	24针	加6针
②	18针	加6针
①	5针锁针起针，钩12针短针	

使用钩针：7.5/0号

头胸部

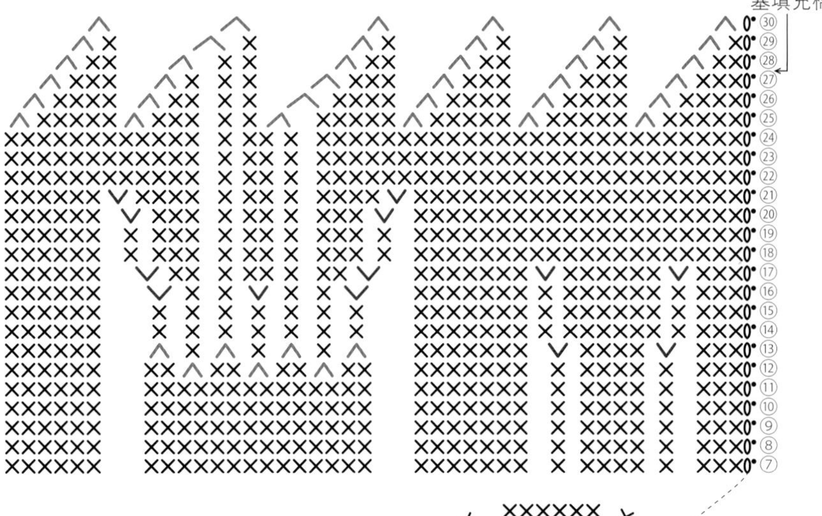

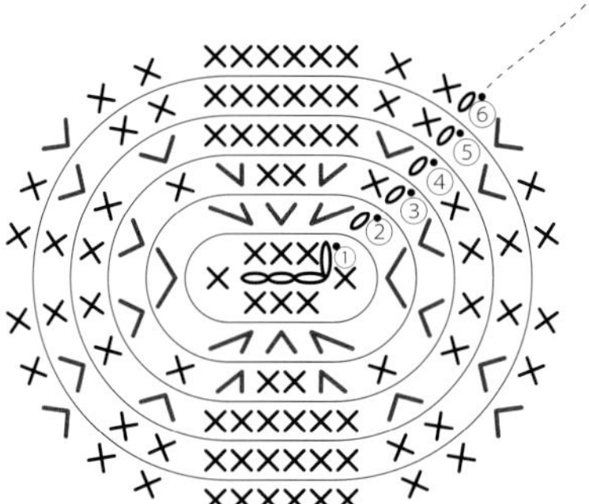

行数	针数	加减针
㉚	6针	减6针
㉙	12针	减6针
㉘	18针	减6针
㉗	24针	减6针
㉖	30针	减6针
㉕	36针	减6针
㉒~㉔	42针	没有加减针
㉑	42针	加2针
⑳	40针	加2针
⑱、⑲	38针	没有加减针
⑰	38针	加4针
⑯	34针	加3针
⑭、⑮	31针	没有加减针
⑬	31针	减2针
⑫	33针	减3针
⑦~⑪	36针	没有加减针
⑥	36针	加4针
⑤	32针	加4针
④	28针	加4针
③	24针	加8针
②	16针	加8针
①	3针锁针起针，钩8针短针	

使用钩针：7.5/0号

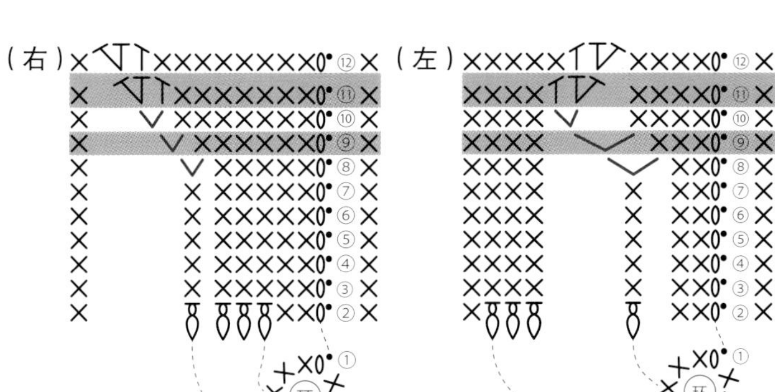

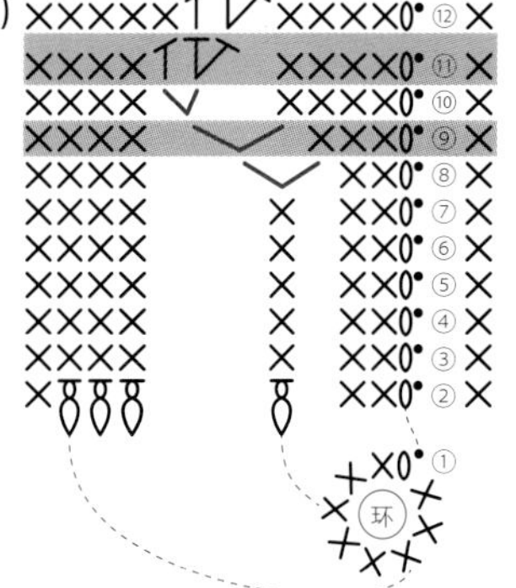

行数	针数	加减针	使用毛线
⑫	13针	加1针	A
⑪	12针	加1针	B
⑩	11针	加1针	A
⑨	10针	加1针	B
⑧	9针	加1针	A
②~⑦	8针	没有加减针	
①	绕线环起针，钩8针短针		

使用钩针：7.5/0号

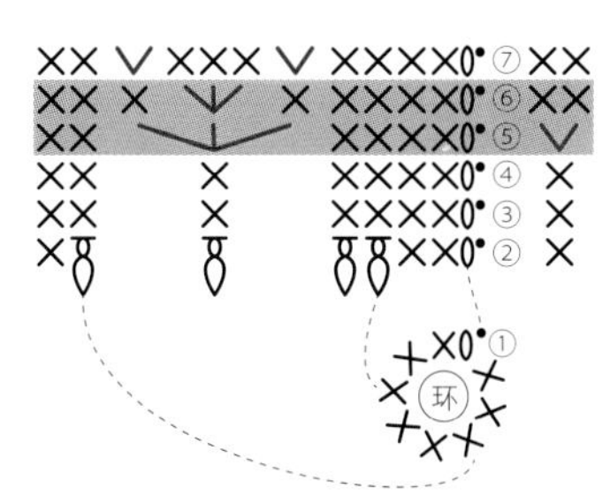

行数	针数	加减针	使用毛线
⑦	15针	加2针	A
⑥	13针	加2针	B
⑤	11针	加3针	
②~④	8针	没有加减针	A
①	绕线环起针，钩8针短针		

使用钩针：7.5/0号

尾巴

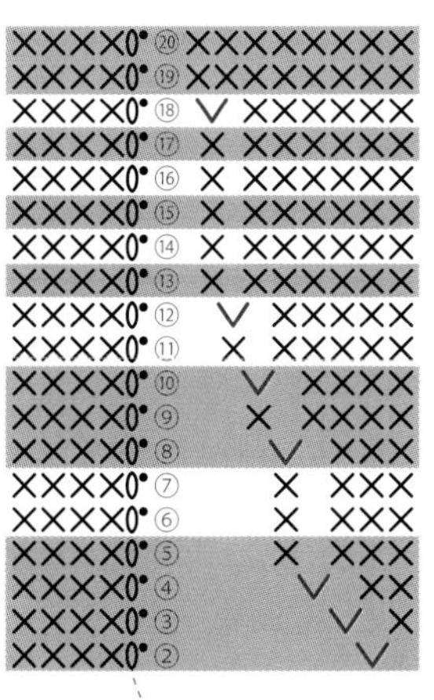

行数	针数	加减针	使用毛线
⑲、⑳	12针	没有加减针	B
⑱	12针	加1针	A
⑰	11针	没有加减针	B
⑯			A
⑮			B
⑭			A
⑬			B
⑫	11针	加1针	A
⑪	10针	没有加减针	
⑩	10针	加1针	B
⑨	9针	没有加减针	
⑧	9针	加1针	
⑥、⑦	8针	没有加减针	A
⑤			B
④	8针	加1针	
③	7针	加1针	
②	6针	加1针	
①	绕线环起针，钩5针短针		

使用钩针：7.5/0号

嘴巴

※以织物背面作为嘴巴正面

行数	针数	加减针
③	参照图解	
②	20针	没有加减针
①	9针锁针起针，参照图解钩20针	

使用钩针：4/0号

鼻子

● = 方法参照p.42

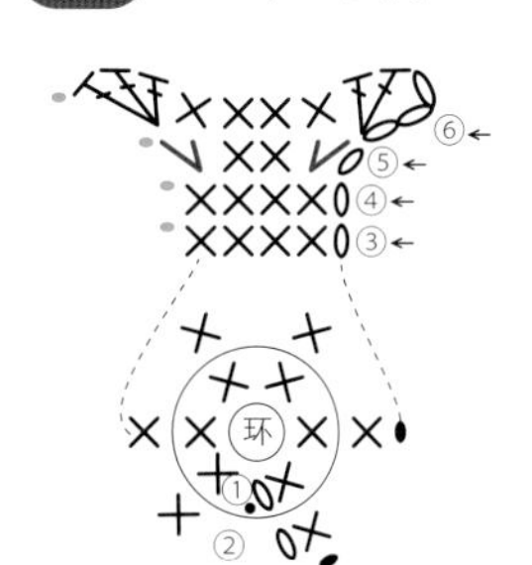

行数	针数	加减针
⑥	10针	加4针
⑤	6针	加2针
④	4针	没有加减针
③	4针	减2针
②	6针	没有加减针
①	绕线环起针，钩6针短针	

使用钩针：4/0号

耳朵

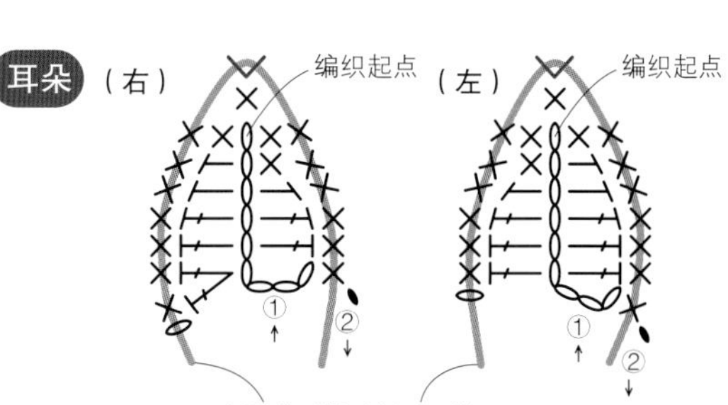

取15cm长的定形线对折，沿着耳朵的尖角形状包住定形线钩织

使用钩针：7.5/0号（耳朵外侧）、4/0号（耳朵内侧，不使用定形线）

>>> p.27　波斯猫（猫妈妈）

完成尺寸：高23cm、长30cm、尾巴20cm

正面

背面

侧面

使用的毛线和钩针

	部位	使用毛线	颜色	色号	股数			使用钩针
基础部分	头胸部、身体、前腿、后腿、尾巴、耳朵（外侧）	Piccolo	白色	1	2股	4股	A	7.5/0
		MOHAIR	白色	1	2股			
	嘴巴	Piccolo	白色	1	1股	2股		4/0
		MOHAIR	白色	1	1股			
	耳朵（内侧）	Piccolo	浅粉色	46	2股	2股		4/0
植毛							A※和基础部分用线相同	

毛线使用量

部位	使用毛线	颜色	色号	使用量
基础部分	Piccolo	白色	1	220g
	MOHAIR	白色	1	210g
耳朵（内侧）	Piccolo	浅粉色	46	5g
眼睛（刺绣）	MOHAIR	深灰色	74	30cm
鼻子（刺绣）	Piccolo	浅粉色	46	30cm

其他材料

种类	颜色	形状	尺寸	用量
眼睛	澄蓝色	水晶眼睛	18mm	1对
填充棉				70g
定形线				耳朵 15cm 2份
				前腿 50cm 2份
				尾巴 60cm

植毛长度

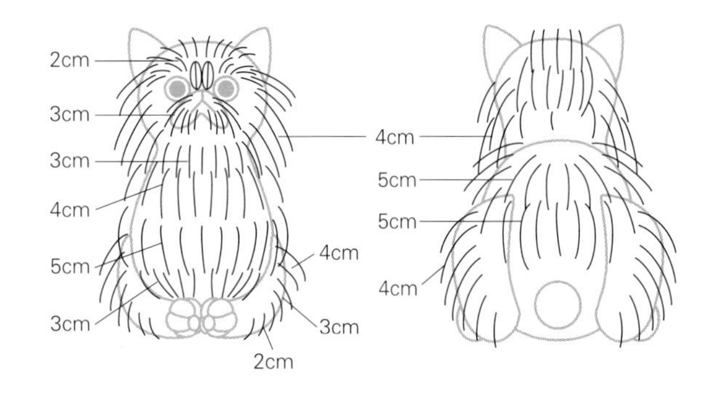

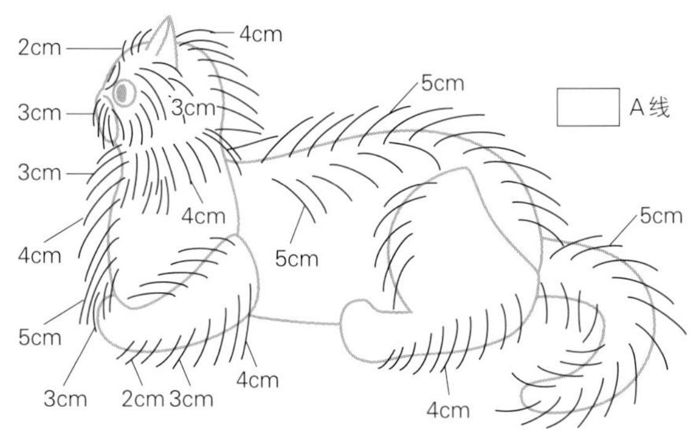

面部刺绣

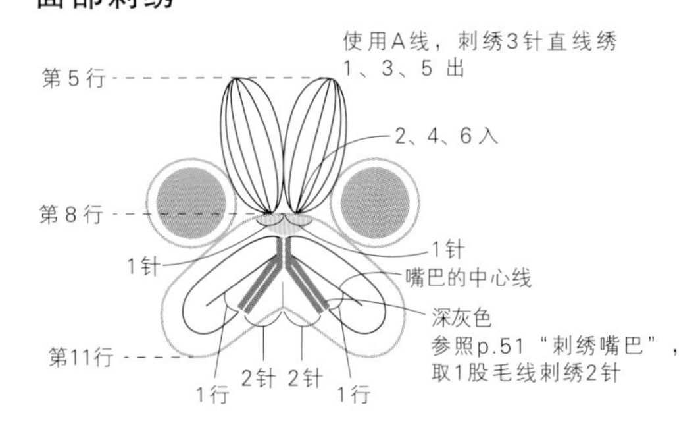

◆请参照从p.35开始的“猫咪玩偶的制作步骤”，完成制作。
◆耳朵、脚爪和腹部不需要植毛。
◆使用毛刷，在耳朵背面刮绒。
◆没有钩织鼻子部分。在嘴巴上方刺绣鼻子。

结构图示

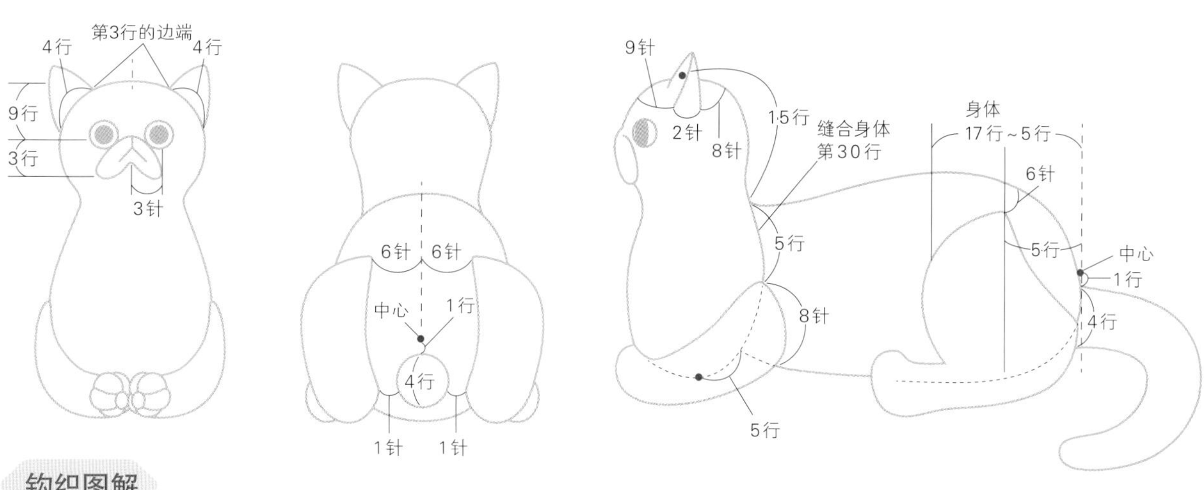

钩织图解

身体

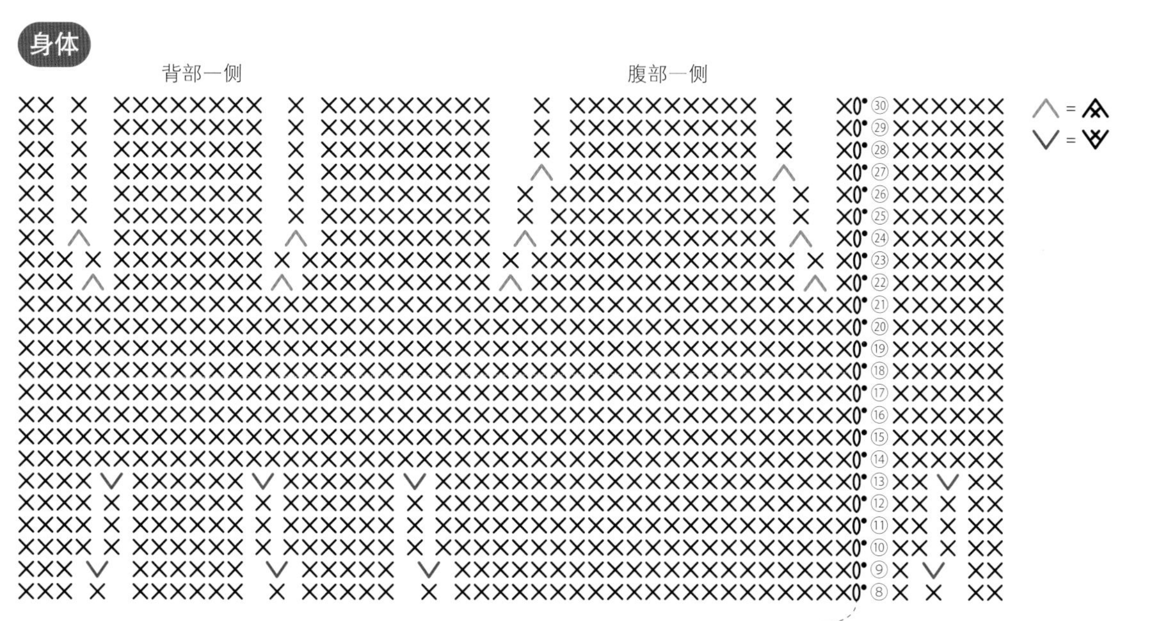

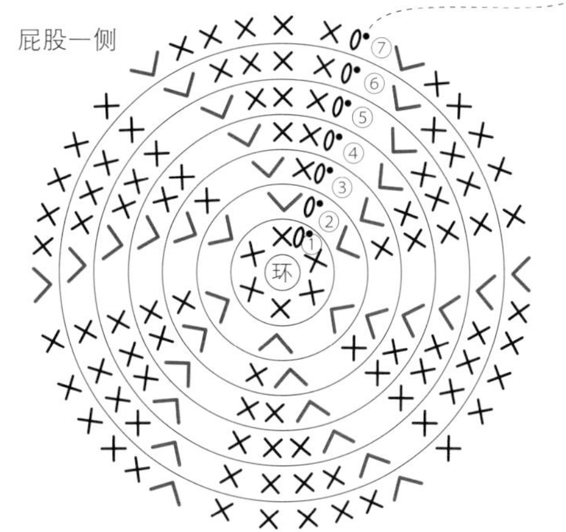

行数	针数	加减针
㉘~㉚	40针	没有加减针
㉗	40针	减2针
㉕、㉖	42针	没有加减针
㉔	42针	减4针
㉓	46针	没有加减针
㉒	46针	减4针
⑭~㉑	50针	没有加减针
⑬	50针	加4针
⑩~⑫	46针	没有加减针
⑨	46针	加4针
⑧	42针	没有加减针
⑦	42针	加6针
⑥	36针	加6针
⑤	30针	加6针
④	24针	加6针
③	18针	加6针
②	12针	加6针
①	绕线环起针，钩6针短针	

使用钩针：7.5/0号

头胸部

∧ = 3针短针并1针的简写符号　∧ = 3针短针并1针　V = 1针放3针短针的简写符号　V = 1针放3针短针　W = 1针放5针短针

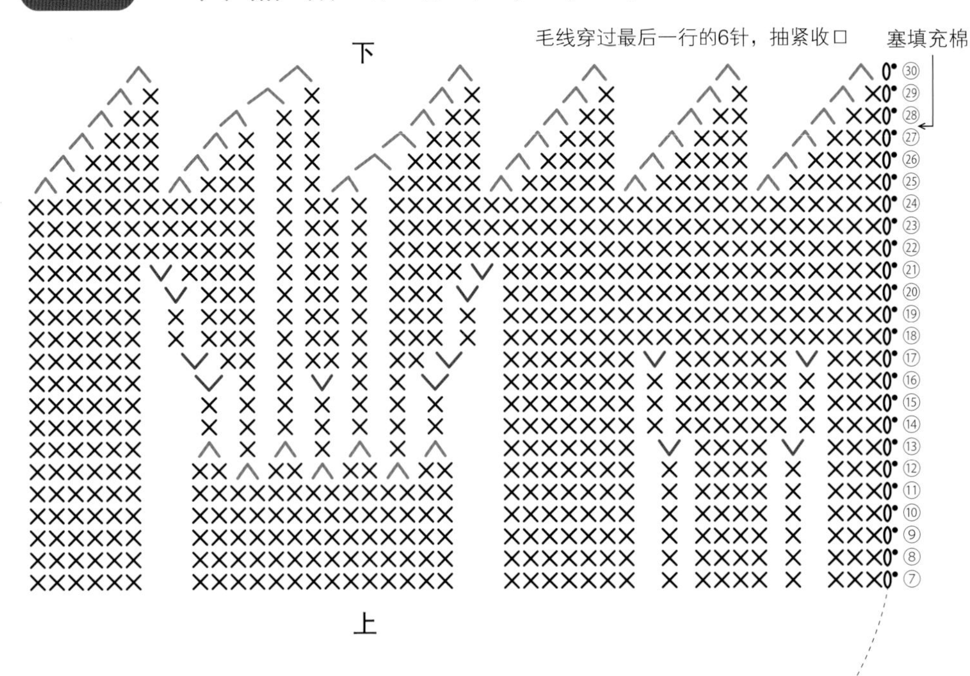

行数	针数	加减针
㉚	6针	减6针
㉙	12针	减6针
㉘	18针	减6针
㉗	24针	减6针
㉖	30针	减6针
㉕	36针	减6针
㉒～㉔	42针	没有加减针
㉑	42针	加2针
⑳	40针	加2针
⑱、⑲	38针	没有加减针
⑰	38针	加4针
⑯	34针	加3针
⑭、⑮	31针	没有加减针
⑬	31针	减2针
⑫	33针	减3针
⑦～⑪	36针	没有加减针
⑥	36针	加4针
⑤	32针	加4针
④	28针	加4针
③	24针	加8针
②	16针	加8针
①	3针锁针起针，钩8针短针	

使用钩针：7.5/0号

前腿 2片

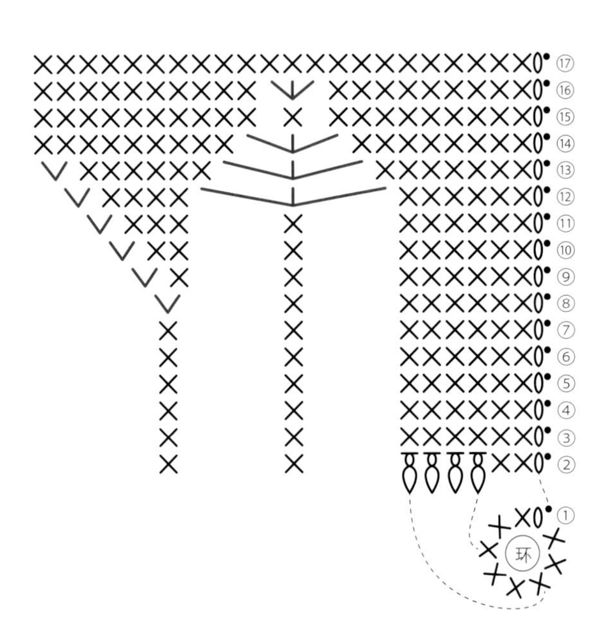

行数	针数	加减针
⑰	22针	没有加减针
⑯	22针	加2针
⑮	20针	没有加减针
⑭	20针	加2针
⑬	18针	加3针
⑫	15针	加3针
⑪	12针	加1针
⑩	11针	加1针
⑨	10针	加1针
⑧	9针	加1针
②～⑦	8针	没有加减针
①	绕线环起针，钩8针短针	

使用钩针：7.5/0号

后腿 2片

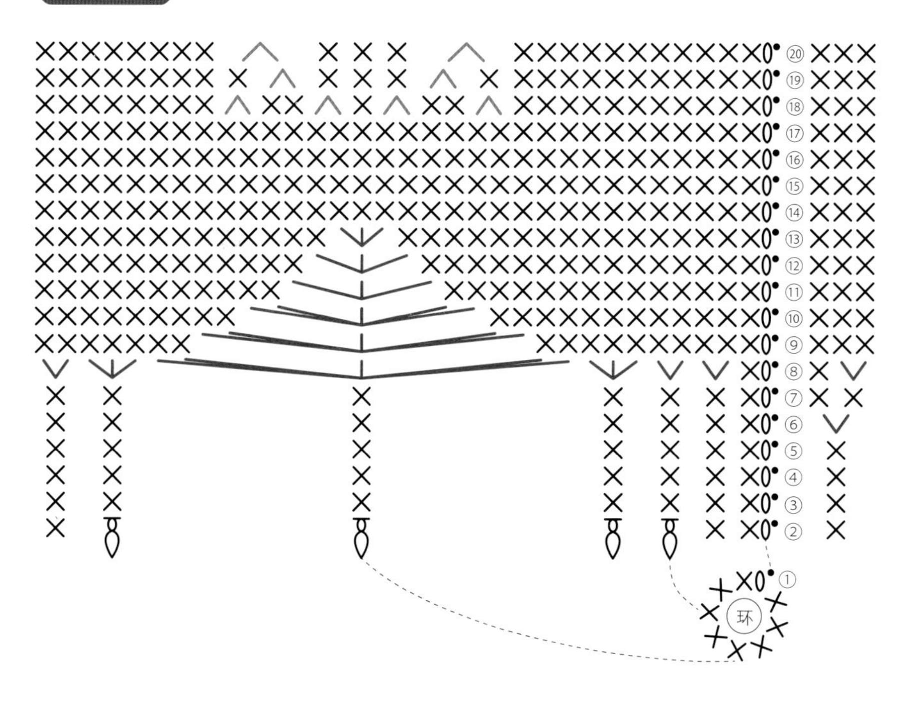

行数	针数	加减针
⑳	27针	减2针
⑲	29针	减2针
⑱	31针	减4针
⑭~⑰	35针	没有加减针
⑬	35针	加2针
⑫	33针	加2针
⑪	31针	加2针
⑩	29针	加4针
⑨	25针	加4针
⑧	21针	加12针
⑦	9针	没有加减针
⑥	9针	加1针
②~⑤	8针	没有加减针
①	绕线环起针，钩8针短针	

使用钩针：7.5/0号

尾巴

图解略

行数	针数	加减针
⑥~㉓	12针	没有加减针
⑤	12针	加3针
③、④	9针	没有加减针
②	9针	加3针
①	绕线环起针，钩6针短针	

使用钩针：7.5/0号

嘴巴

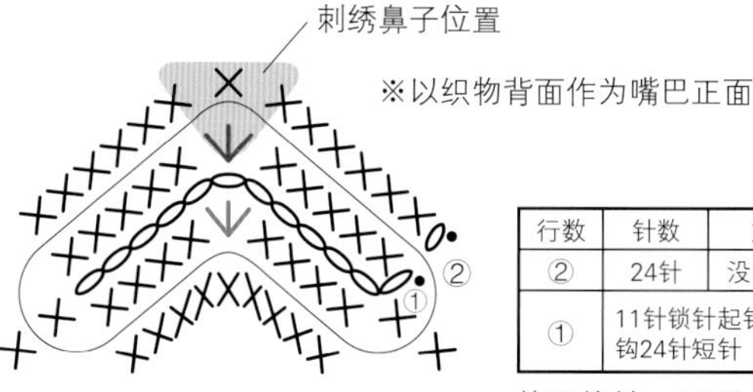

行数	针数	加减针
②	24针	没有加减针
①	11针锁针起针，钩24针短针	

使用钩针：4/0号

耳朵

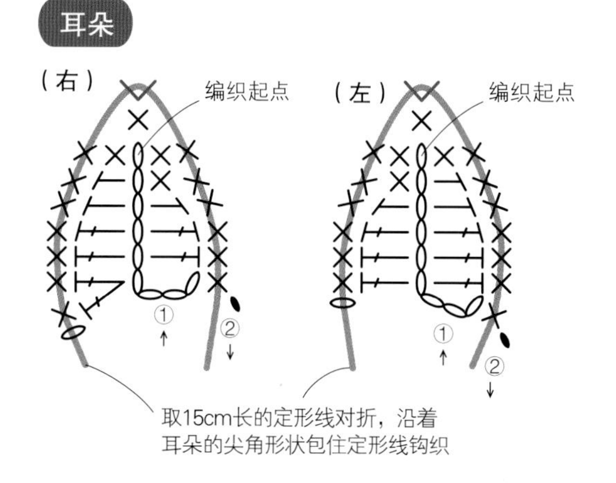

使用钩针：7.5/0号（耳朵外侧）、
4/0号（耳朵内侧，不使用定形线）

p.27 波斯猫（猫宝宝）

完成尺寸：高22cm、长19cm、尾巴12cm

正面

背面

侧面

使用的毛线和钩针

	部位	使用毛线	颜色	色号	股数			使用钩针
基础部分	头胸部、身体	Piccolo	白色	1	2股	4股	A	7/0
	前腿、后腿、尾巴	MOHAIR	白色	1	2股			
	耳朵（外侧）、嘴巴	Piccolo	白色	1	1股	2股		4/0
		MOHAIR	白色	1	1股			
	耳朵（内侧）	Piccolo	浅粉色	46		1股		3/0
植毛							※A 和基础部分用线相同	

毛线使用量

部位	使用毛线	颜色	色号	使用量
基础部分	Piccolo	白色	1	110g
	MOHAIR	白色	1	100g
耳朵（内侧）	Piccolo	浅粉色	46	5g
眼睛、嘴巴（刺绣）	MOHAIR	深灰色	74	30cm
鼻子（刺绣）	Piccolo	浅粉色	46	30cm

其他材料

种类	颜色	形状	尺寸	用量
眼睛	澄蓝色	猫咪眼睛	15mm	1组
填充棉				30g
定形线				耳朵 12cm×2份
				前腿 36cm×2份
				尾巴 30cm

植毛长度

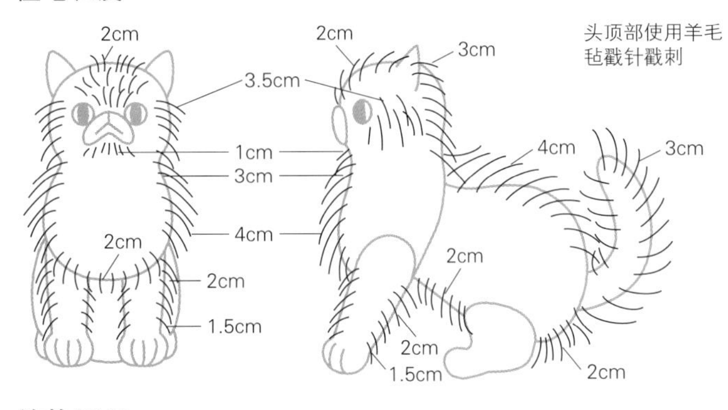

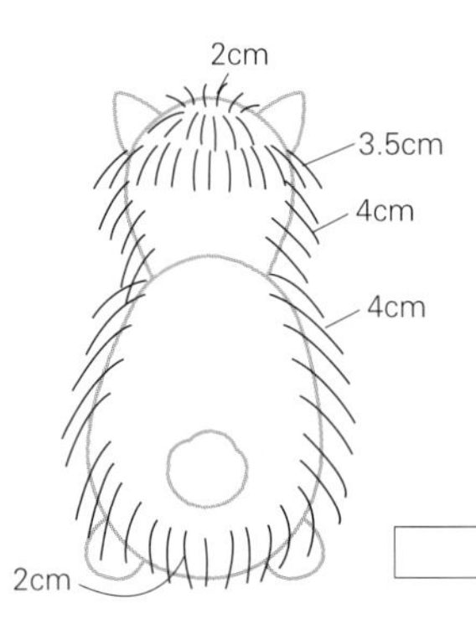

A线

- ◆请参照从p.35开始的"猫咪玩偶的制作步骤"，完成制作。
- ◆耳朵、脚爪和腹部不需要植毛。
- ◆使用毛刷，在耳朵背面刮绒。
- ◆没有钩织鼻子部分。在嘴巴上方刺绣鼻子。

结构图示

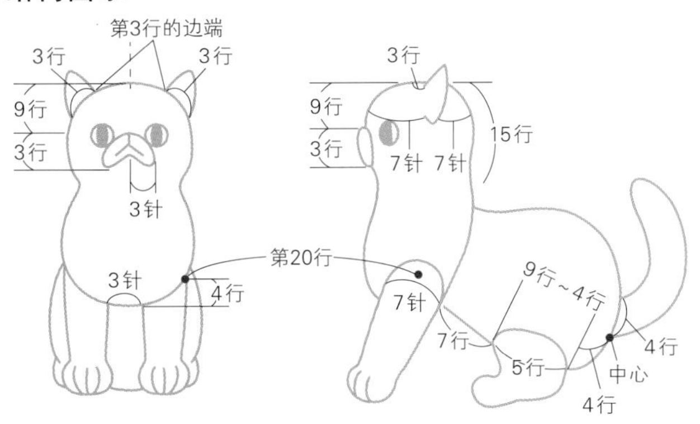

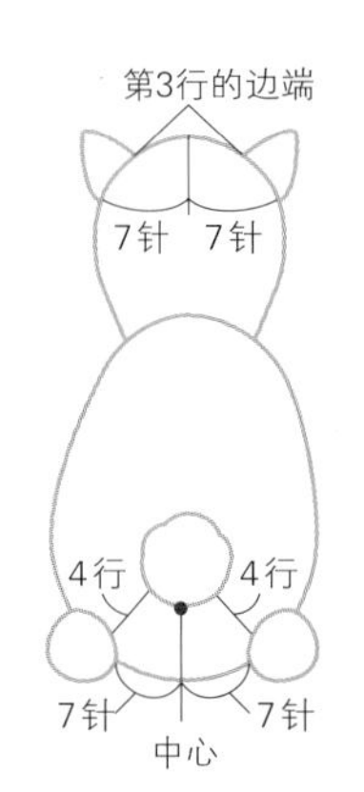

钩织图解

身体

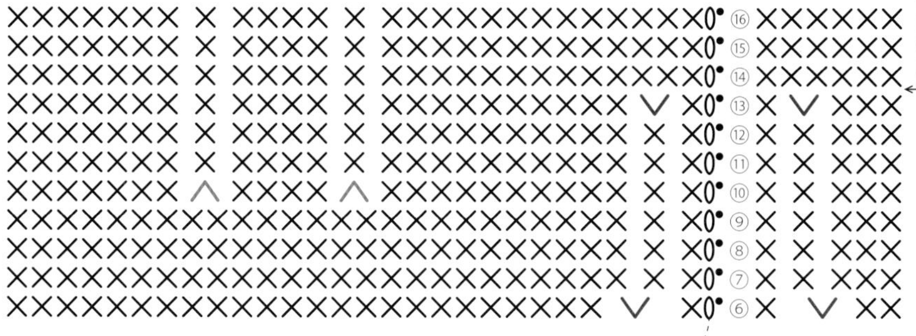

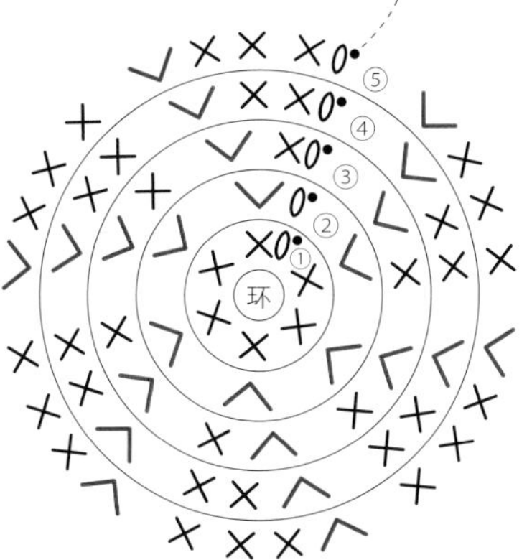

行数	针数	加减针
⑯	32针	没有加减针
⑮		
⑭		
⑬	32针	加2针
⑫	30针	没有加减针
⑪		
⑩	30针	减2针
⑨	32针	没有加减针
⑧		
⑦		
⑥	32针	加2针
⑤	30针	加6针
④	24针	加6针
③	18针	加6针
②	12针	加6针
①	绕线环起针，钩6针短针	

使用钩针：7/0号

头胸部

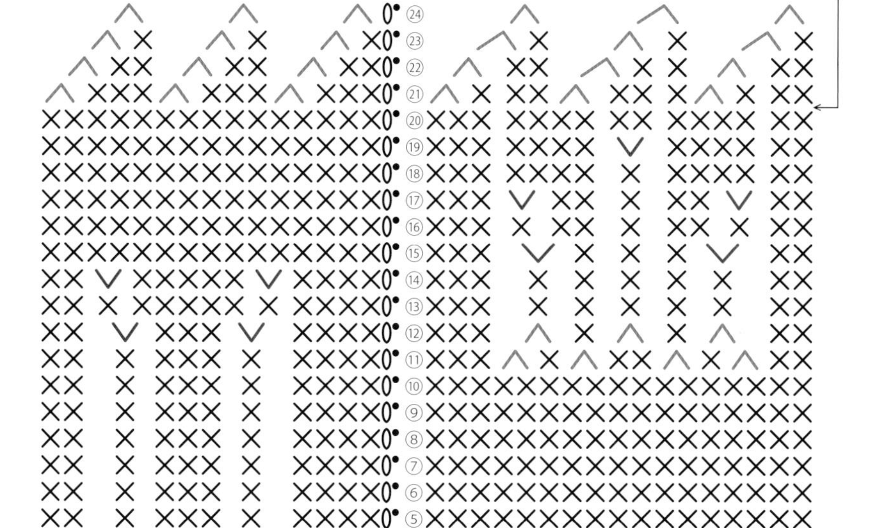

行数	针数	加减针
㉔	6针	减6针
㉓	12针	减6针
㉒	18针	减6针
㉑	24针	减6针
⑳	30针	没有加减针
⑲	30针	加1针
⑱	29针	没有加减针
⑰	29针	加2针
⑯	27针	没有加减针
⑮	27针	加2针
⑭	25针	加2针
⑬	23针	没有加减针
⑫	23针	减1针
⑪	24针	减4针
⑤～⑩	28针	没有加减针
④	28针	加4针
③	24针	加8针
②	16针	加8针
①	3针锁针起针，钩8针短针	

使用钩针：7/0号

前腿

=1针放3针短针　　=3针短针并1针

（右）　　（左）

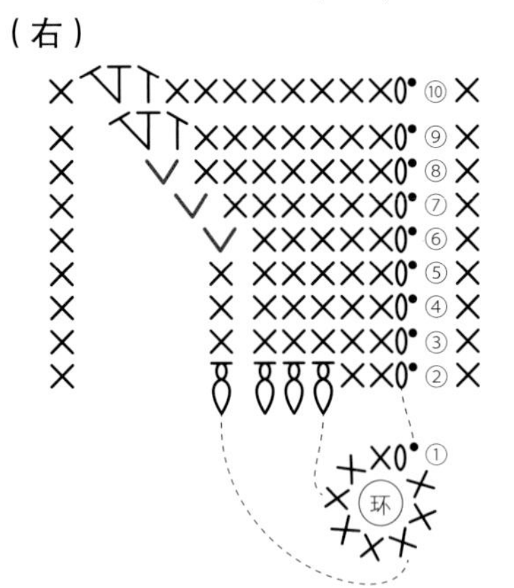

行数	针数	加减针
⑩	13针	加1针
⑨	12针	加1针
⑧	11针	加1针
⑦	10针	加1针
⑥	9针	加1针
②~⑤	8针	没有加减针
①	绕线环起针，钩8针短针	

使用钩针：7/0号

后腿 2片

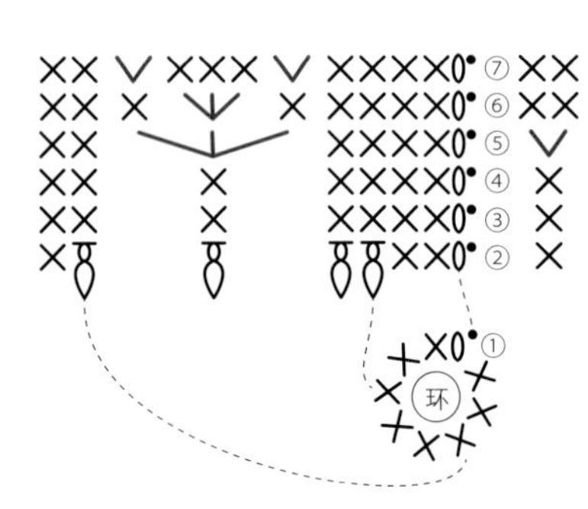

行数	针数	加减针
⑦	15针	加2针
⑥	13针	加2针
⑤	11针	加3针
②~④	8针	没有加减针
①	绕线环起针，钩8针短针	

使用钩针：7/0号

尾巴

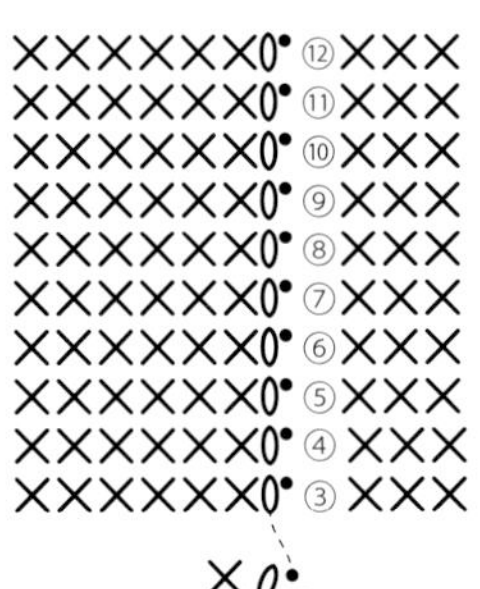

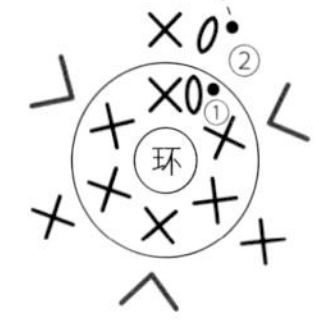

行数	针数	加减针
③~⑫	9针	没有加减针
②	9针	加3针
①	绕线环起针，钩6针短针	

使用钩针：7/0号

耳朵

耳朵外侧（右）　　（左）

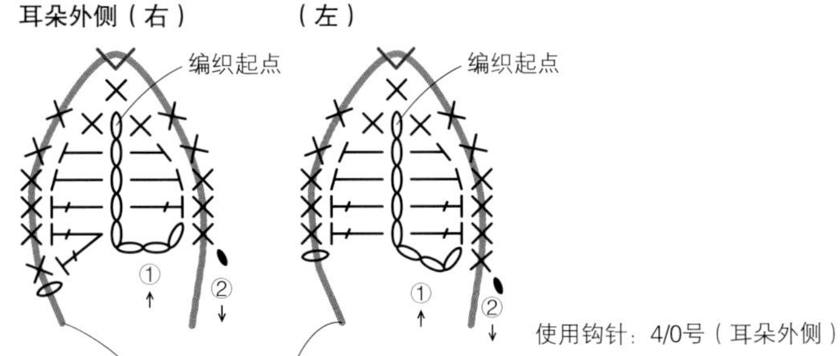

使用钩针：4/0号（耳朵外侧）

取12cm长的定形线对折，沿着耳朵的尖角形状包住定形线钩织

耳朵内侧（右）　　（左）

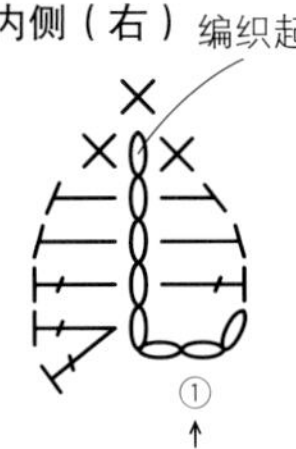

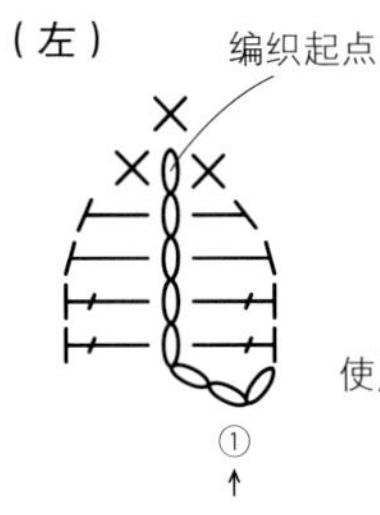

使用钩针：3/0号（耳朵内侧）

嘴巴

※以织物背面作为嘴巴正面

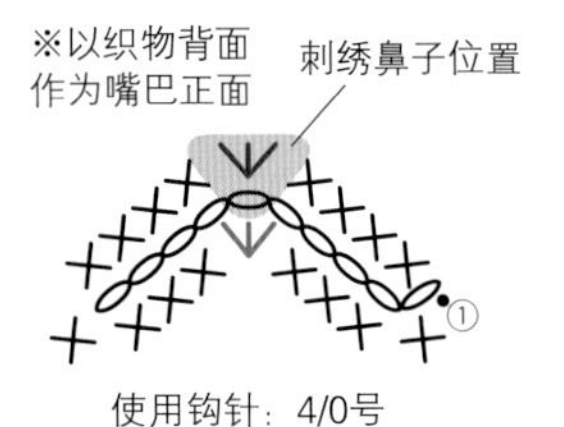

使用钩针：4/0号

>>> p.28　八字奶牛猫

完成尺寸：高24cm、长36cm、尾巴20cm

正面

背面

侧面

使用的毛线和钩针

	部位	使用毛线	颜色	色号	股数			使用钩针
基础部分	身体、尾巴、耳朵（外侧）	Piccolo	黑色	20	2股	4股	A	7.5/0
		MOHAIR	黑色	25	2股			
	头胸部、前腿、后腿	Piccolo	白色	1	2股	4股	B（搭配A钩织）	7.5/0
		MOHAIR	白色	1	2股			
	嘴巴、鼻子	Piccolo	白色	1	1股	2股		4/0
		Piccolo	白色	1	1股			
	鼻子	Piccolo	黑色	20	1股	2股	部分使用嘴巴的线钩织	4/0
		Piccolo	黑色	25	1股			
	耳朵（内侧）	Piccolo	浅粉色	46	1股	2股		4/0
		MOHAIR	深灰色	74	1股			
植毛							※A、B和基础部分用线相同	

毛线使用量

部位	使用毛线	颜色	色号	使用量
基础部分 植毛	Piccolo	白色	1	50g
	Piccolo	黑色	20	160g
	Piccolo	浅粉色	46	10g
	MOHAIR	白色	1	50g
	MOHAIR	黑色	25	160g
耳朵	MOHAIR	深灰色	74	10g
鼻子（刺绣）	Piccolo	浅粉色	46	30cm
嘴巴（刺绣）	MOHAIR	深灰色	74	30cm

其他材料

种类	颜色	形状	尺寸	用量
眼睛	绿色	猫咪眼睛	18mm	1对
胡须	透明		7cm	7根2份
填充棉				70g
定形线				耳朵15cm 2份
				前腿 50cm 2份
				尾巴 60cm

植毛长度

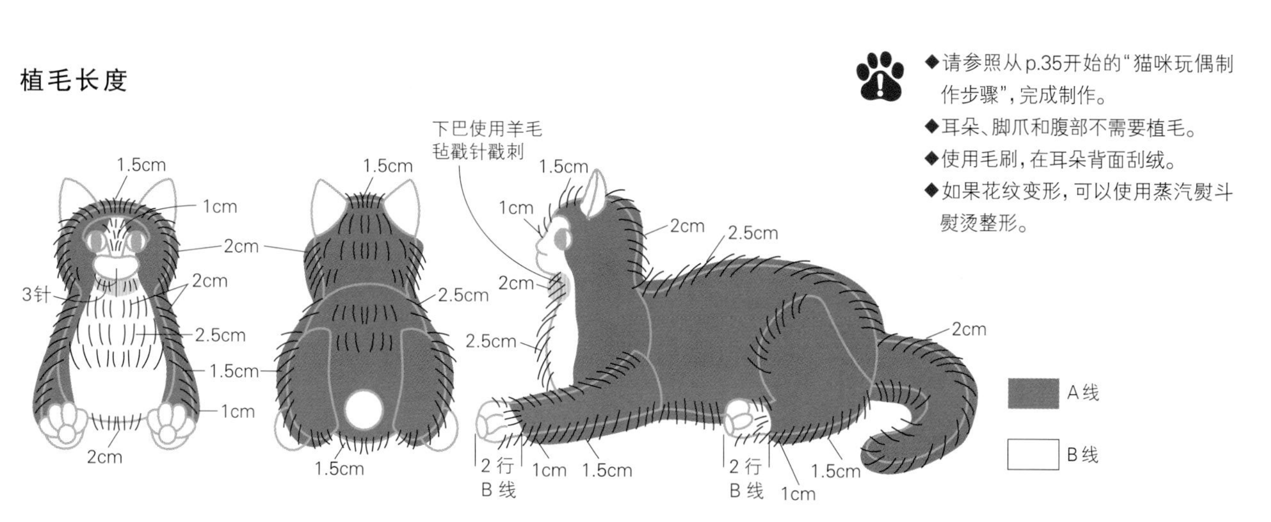

◆请参照从p.35开始的“猫咪玩偶制作步骤”，完成制作。
◆耳朵、脚爪和腹部不需要植毛。
◆使用毛刷，在耳朵背面刮绒。
◆如果花纹变形，可以使用蒸汽熨斗熨烫整形。

结构图示

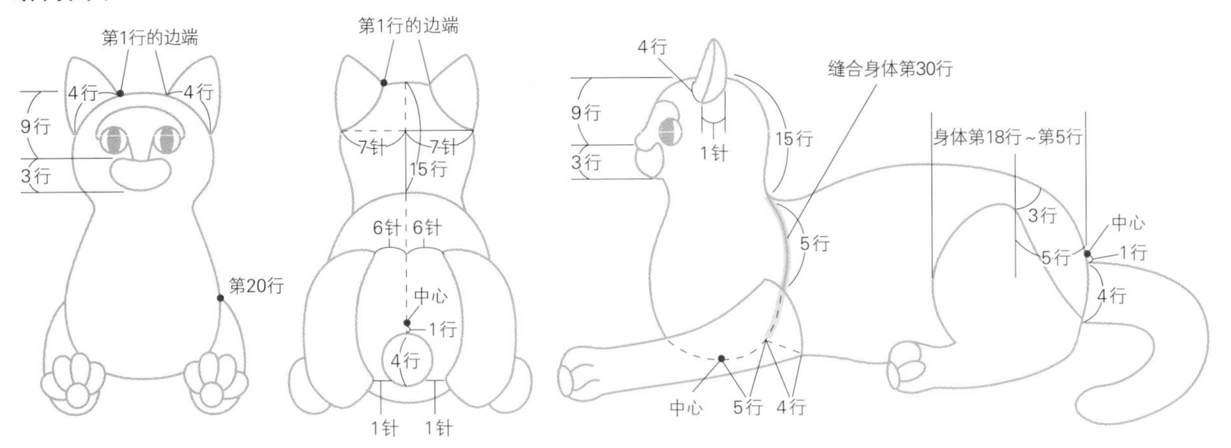

钩织图解

身体

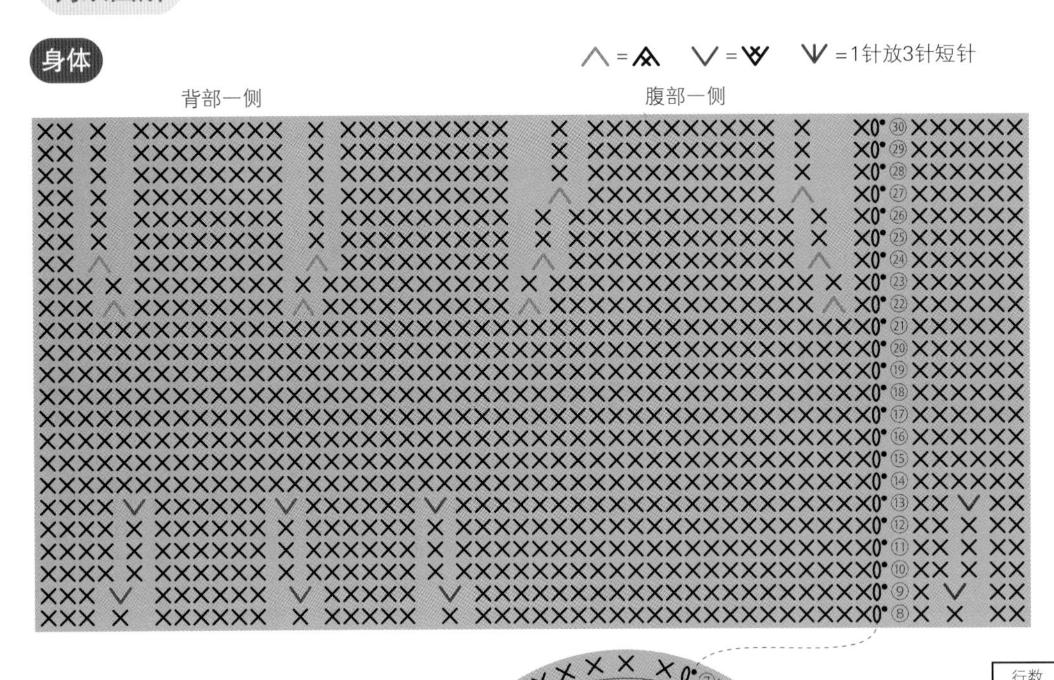

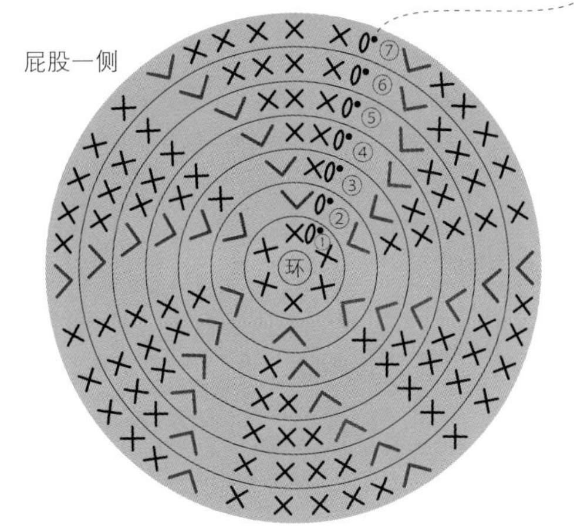

行数	针数	加减针
㉘～㉚	40针	没有加减针
㉗	40针	减2针
㉕、㉖	42针	没有加减针
㉔	42针	减4针
㉓	46针	没有加减针
㉒	46针	减4针
⑭～㉑	50针	没有加减针
⑬	50针	加4针
⑩～⑫	46针	没有加减针
⑨	46针	加4针
⑧	42针	没有加减针
⑦	42针	加6针
⑥	36针	加6针
⑤	30针	加6针
④	24针	加6针
③	18针	加6针
②	12针	加6针
①	绕线环起针，钩6针短针	

使用钩针：7.5/0号

头胸部

毛线穿过最后一行的6针，抽紧收口　塞填充棉

行数	针数	加减针	使用毛线
㉚	6针	减6针	A
㉙	12针	减6针	
㉘	18针	减6针	
㉗	24针	减6针	
㉖	30针	减6针	
㉕	36针	减6针	A / B
㉒～㉔	42针	没有加减针	
㉑	42针	加2针	
⑳	40针	加2针	
⑱、⑲	38针	没有加减针	
⑰	38针	加4针	
⑯	34针	加3针	
⑭、⑮	31针	没有加减针	
⑬	31针	减2针	
⑫	33针	减3针	
⑦～⑪	36针	没有加减针	
⑥	36针	加4针	A
⑤	32针	加4针	
④	28针	加4针	
③	24针	加8针	
②	16针	加8针	
①	3针锁针起针，钩8针短针		

使用钩针：7.5/0号

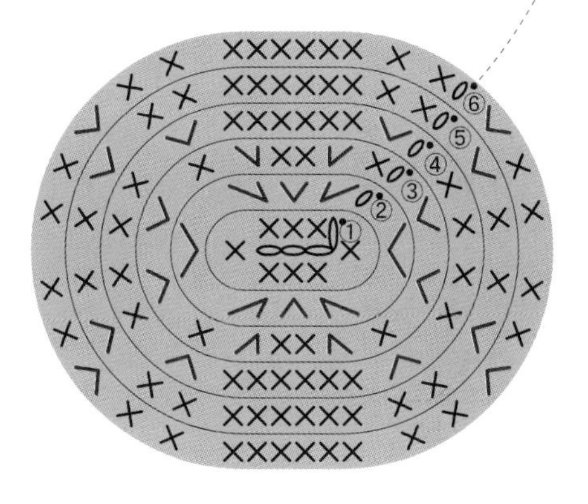

◆如果花纹发生歪曲变形，立刻将它拉伸成正确的形状，使用蒸汽熨斗熨烫整形。

前腿 2片

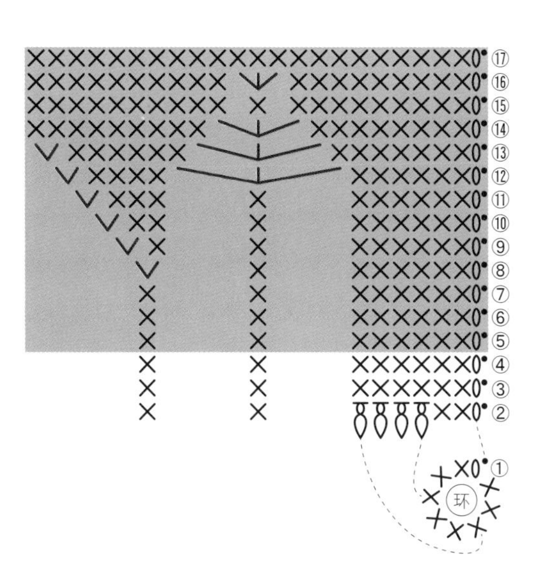

行数	针数	加减针	使用毛线
⑰	22针	没有加减针	A
⑯	22针	加2针	
⑮	20针	没有加减针	
⑭	20针	加2针	
⑬	18针	加3针	
⑫	15针	加3针	
⑪	12针	加1针	
⑩	11针	加1针	
⑨	10针	加1针	
⑧	9针	加1针	
⑤~⑦	8针	没有加减针	
②~④	8针	没有加减针	B
①	绕线环起针，钩8针短针		

使用钩针：7.5/0号

后腿 2片

∧ = 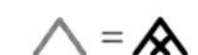 ∨ = [symbol] Ѱ =1针放3针短针 Ѱ =1针放5针短针 • =方法参照p.42

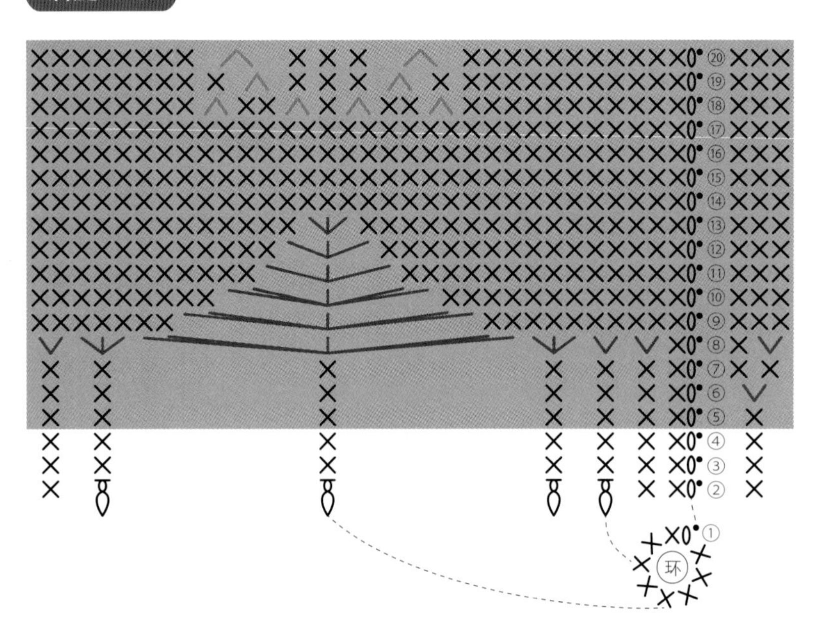

行数	针数	加减针	使用线
⑳	27针	减2针	A
⑲	29针	减2针	
⑱	31针	减4针	
⑭~⑰	35针	没有加减针	
⑬	35针	加2针	
⑫	33针	加2针	
⑪	31针	加2针	
⑩	29针	加4针	
⑨	25针	加4针	
⑧	21针	加12针	
⑦	9针	没有加减针	
⑥	9针	加1针	
⑤	8针	没有加减针	
②~④			B
①	线环起针，钩8针短针		

使用钩针：7.5/0号

尾巴

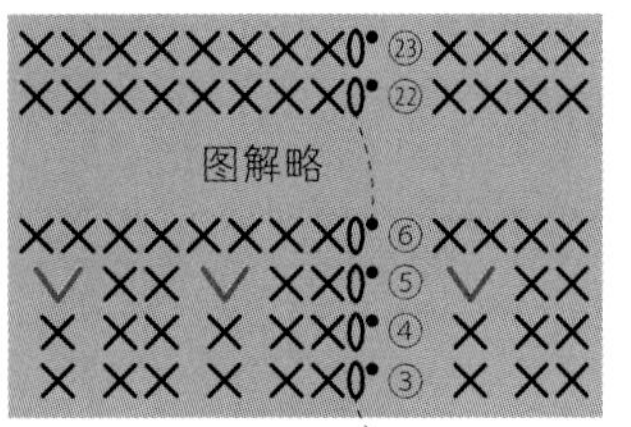

行数	针数	加减针
⑥~㉓	12针	没有加减针
⑤	12针	加3针
③、④	9针	没有加减针
②	9针	加3针
①	绕线环起针，钩6针短针	

使用钩针：7.5/0号

鼻子

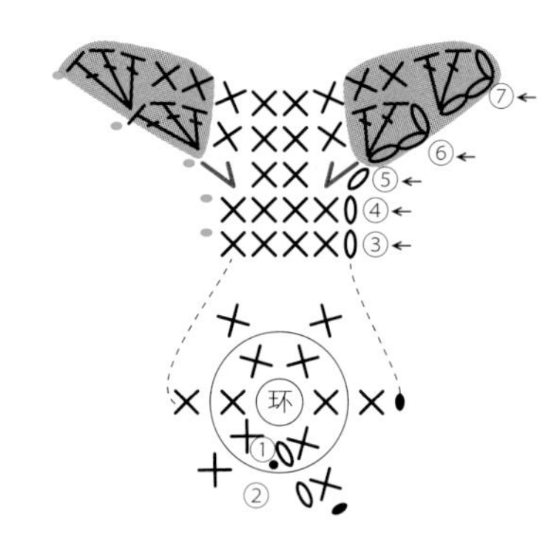

行数	针数	加减针
⑦	14针	加4针
⑥	10针	加4针
⑤	6针	加2针
④	4针	没有加减针
③	4针	减2针
②	6针	没有加减针
①	绕线环起针，钩6针短针	

使用钩针：4/0号

嘴巴

※以织物背面作为嘴巴正面

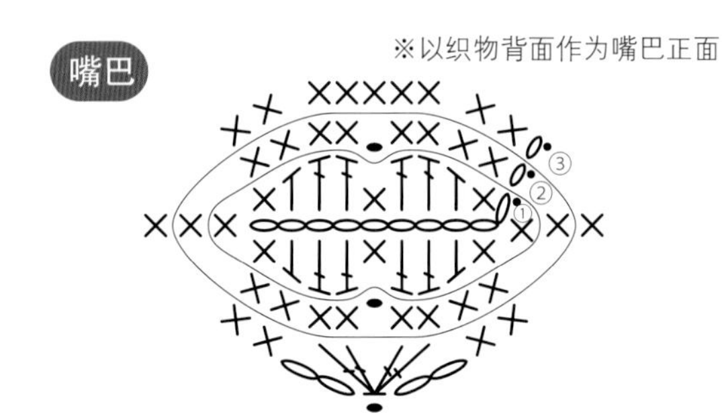

行数	针数	加减针
③	参照图解	
②	20针	没有加减针
①	9针锁针起针，参照图解钩20针	

使用钩针：4/0号

耳朵

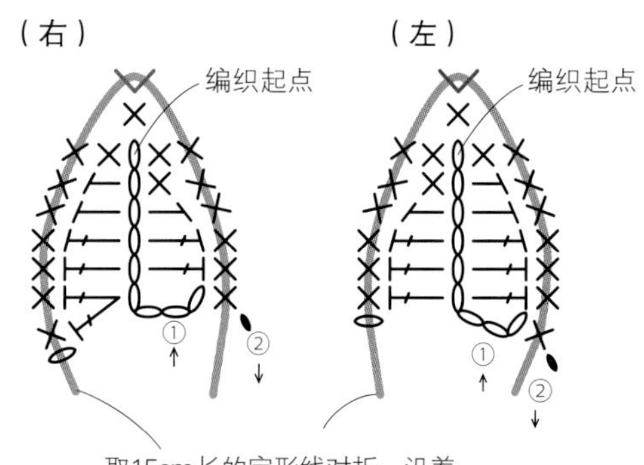

取15cm长的定形线对折，沿着耳朵的尖角形状包住定形线钩织

使用钩针：7.5/0号（耳朵外侧）、4/0号（耳朵内侧，不使用定形线）

⋙ p.31 索马里猫

完成尺寸：高33cm、长20cm、尾巴20cm

正面

背面

侧面

使用的毛线和钩针

	部位	使用毛线	颜色	色号	股数			使用钩针
基础部分	头胸部、身体、尾巴、耳朵(外侧)	Piccolo	金茶色	21	2股	4股	A	7.5/0
		MOHAIR	茶色	92	2股			
	前腿、后腿 ※搭配A、B、C钩织	Piccolo	焦茶色	17	2股	4股	B	7.5/0
		MOHAIR	焦茶色	52	2股			
		Piccolo	金茶色	21	1股	4股	C	7.5/0
		Piccolo	焦茶色	17	1股			
		MOHAIR	茶色	92	1股			
		MOHAIR	焦茶色	52	1股			
	耳朵（内侧）	MOHAIR	茶色	92	1股	2股		4/0
	鼻子	Piccolo	金茶色	21	1股	2股		4/0
		MOHAIR	茶色	92	1股			
	嘴巴	Piccolo	原白色	2	1股	1股	部分使用鼻子的线钩织	4/0
		Piccolo	米白色	61	1股	1股		
植毛							※A和基础部分用线相同	
	下巴	Piccolo	原白色	2	2股	4股	D	
		MOHAIR	米白色	61	2股			
	面部	Piccolo	焦茶色	17	1股	2股	E	
		MOHAIR	焦茶色	52	1股			

毛线使用量

部位	使用毛线	颜色	色号	使用量
基础部分 植毛	Piccolo	金茶色	21	200g
	Piccolo	焦茶色	17	20g
	Piccolo	原白色	2	10g
	MOHAIR	茶色	92	200g
	MOHAIR	焦茶色	52	20g
	MOHAIR	米白色	61	10g
鼻子（刺绣）	Piccolo	橙红色	39	30cm
眼睛、鼻子（刺绣）	Piccolo	焦茶色	17	60cm
嘴巴（刺绣）	Piccolo	金茶色	21	30cm

其他材料

种类	颜色	形状	尺寸	用量
眼睛	绿色	水晶眼睛	18mm	1对
胡须	透明		7cm	7根 2份
填充棉				70g
定形线				耳朵 15cm 2份
				前腿 50cm 2份
				尾巴 60cm

植毛长度

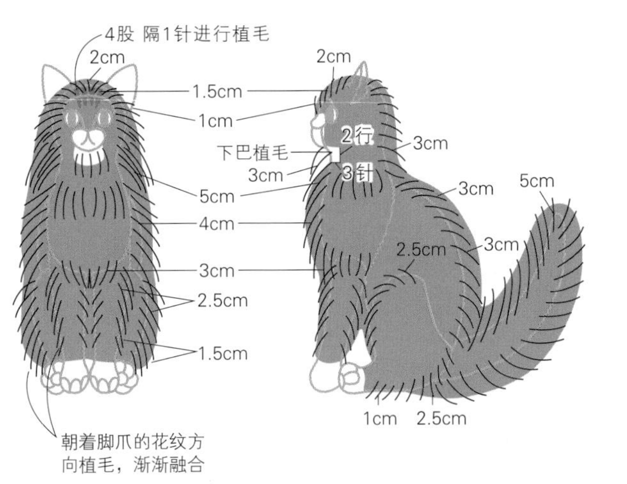

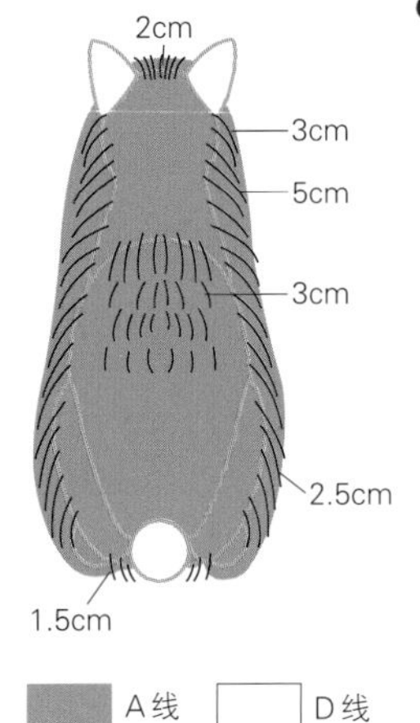

- ◆请参照从p.35开始的“猫咪玩偶的制作步骤”，完成制作。
- ◆耳朵、脚爪和腹部不需要植毛。
- ◆使用毛刷，在耳朵背面刮绒。

- ◆参照p.51，使用焦茶色毛线在鼻子两侧刺绣。

结构图示

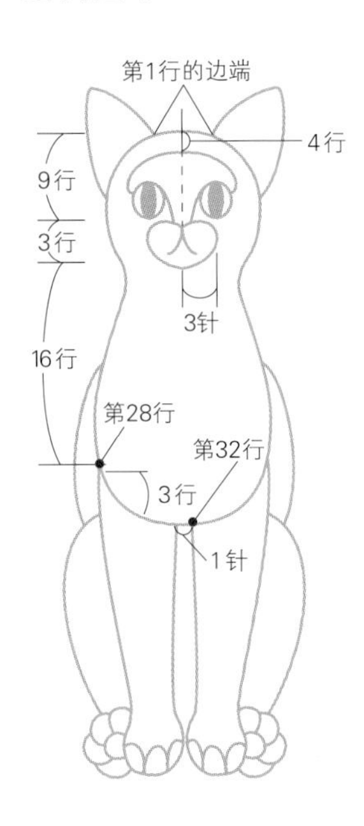

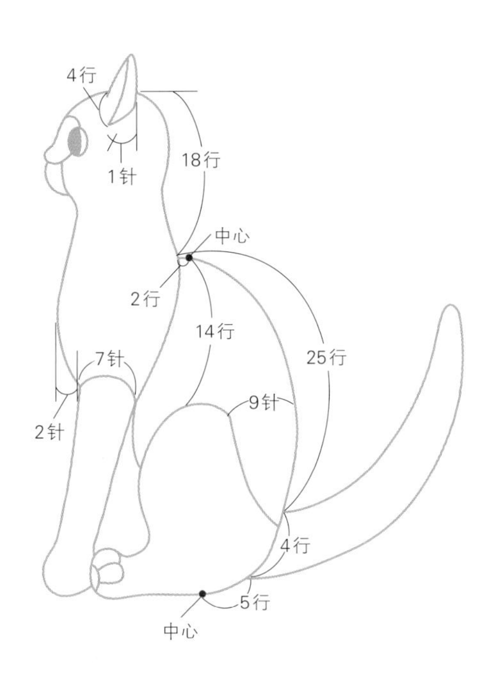

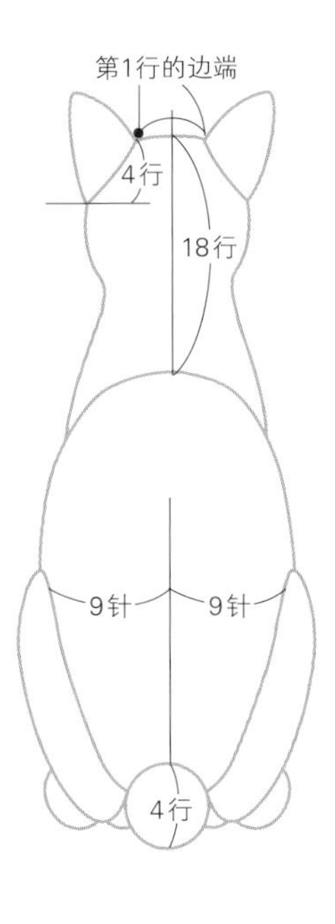

钩织图解

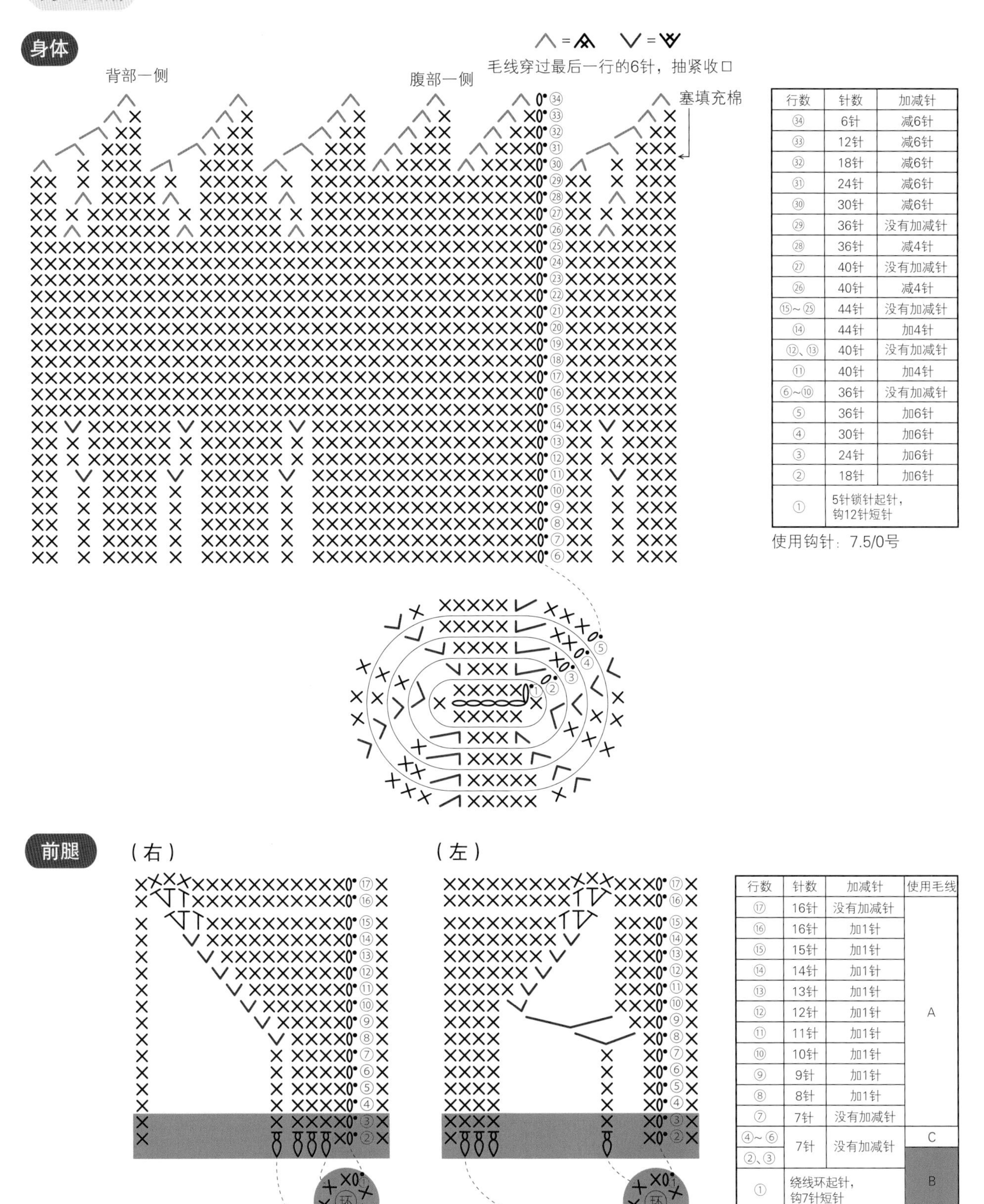

行数	针数	加减针
㉞	6针	减6针
㉝	12针	减6针
㉜	18针	减6针
㉛	24针	减6针
㉚	30针	减6针
㉙	36针	没有加减针
㉘	36针	减4针
㉗	40针	没有加减针
㉖	40针	减4针
⑮~㉕	44针	没有加减针
⑭	44针	加4针
⑫、⑬	40针	没有加减针
⑪	40针	加4针
⑥~⑩	36针	没有加减针
⑤	36针	加6针
④	30针	加6针
③	24针	加6针
②	18针	加6针
①	5针锁针起针，钩12针短针	

使用钩针：7.5/0号

行数	针数	加减针	使用毛线
⑰	16针	没有加减针	A
⑯	16针	加1针	
⑮	15针	加1针	
⑭	14针	加1针	
⑬	13针	加1针	
⑫	12针	加1针	
⑪	11针	加1针	
⑩	10针	加1针	
⑨	9针	加1针	
⑧	8针	加1针	
⑦	7针	没有加减针	
④~⑥	7针	没有加减针	C
②、③			B
①	绕线环起针，钩7针短针		

使用钩针：7.5/0号

头胸部

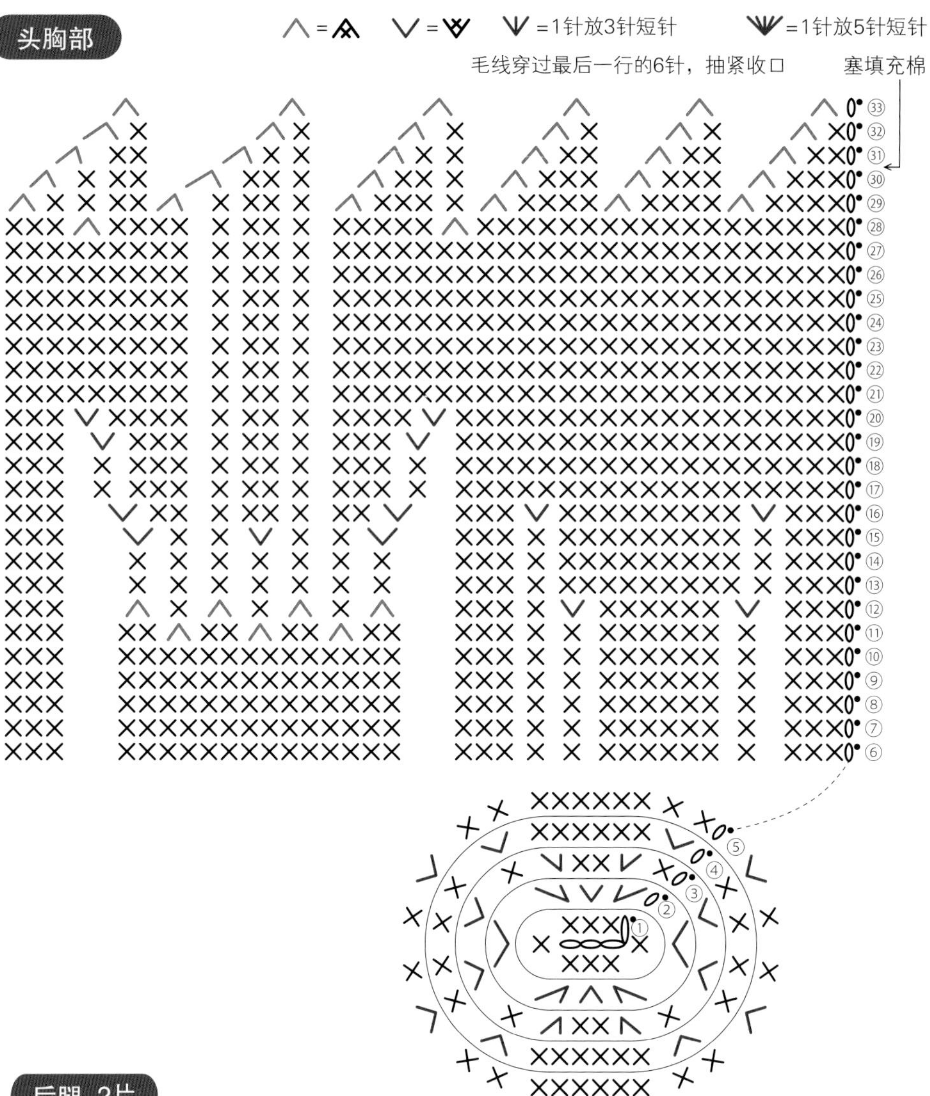

行数	针数	加减针
㉝	6针	减6针
㉜	12针	减6针
㉛	18针	减6针
㉚	24针	减6针
㉙	30针	减6针
㉘	36针	减2针
㉑～㉗	38针	没有加减针
⑳	38针	加2针
⑲	36针	加2针
⑰、⑱	34针	没有加减针
⑯	34针	加4针
⑮	30针	加3针
⑬、⑭	27针	没有加减针
⑫	27针	减2针
⑪	29针	减3针
⑥～⑩	32针	没有加减针
⑤	32针	加4针
④	28针	加4针
③	24针	加8针
②	16针	加8针
①	3针锁针起针，钩8针短针	

使用钩针：7.5/0号

后腿 2片

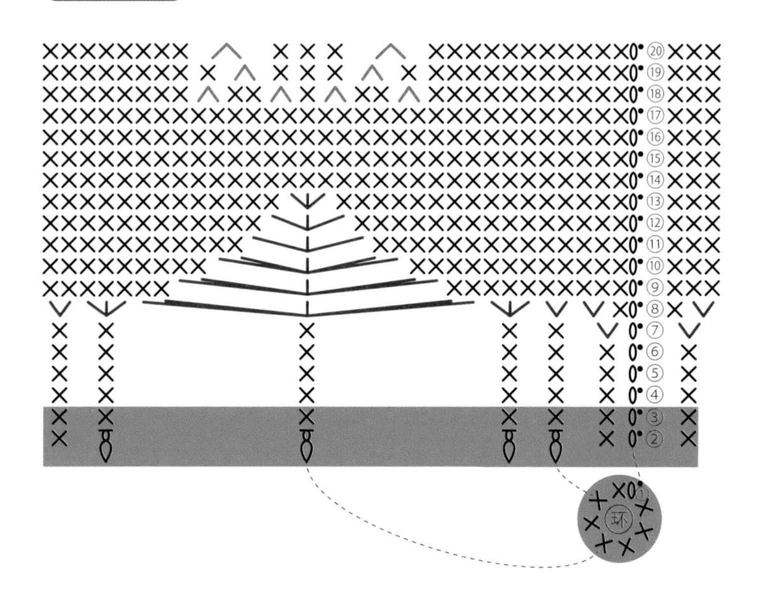

行数	针数	加减针	使用毛线
⑳	27针	减2针	A
⑲	29针	减2针	
⑱	31针	减4针	
⑭～⑰	35针	没有加减针	
⑬	35针	加2针	
⑫	33针	加2针	
⑪	31针	加2针	
⑩	29针	加4针	
⑨	25针	加4针	
⑧	21针	加12针	
⑦	9针	加2针	
④～⑥	7针	没有加减针	C
③			B
②	7针	没有加减针	
①	绕线环起针，钩7针短针		

使用钩针：7.5/0号

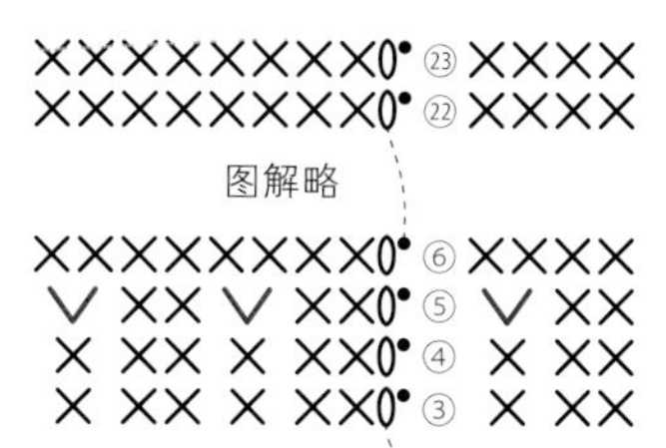

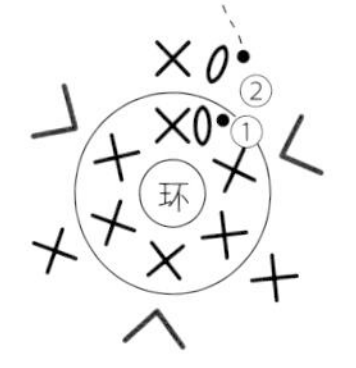

行数	针数	加减针
⑥~㉓	12针	没有加减针
⑤	12针	加3针
③、④	9针	没有加减针
②	9针	加3针
①	绕线环起针，钩6针短针	

使用钩针：7.5/0号

鼻子

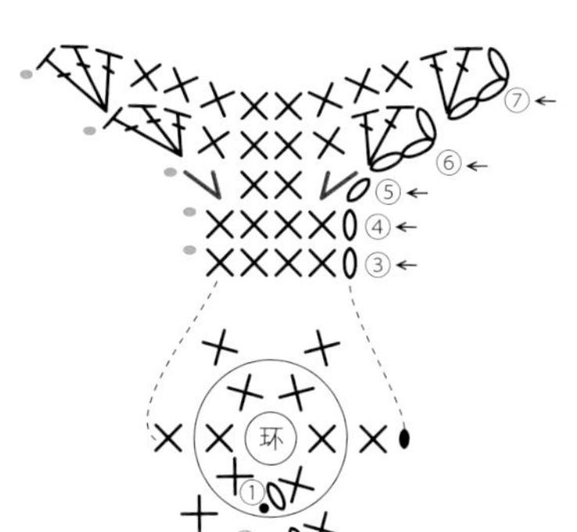

行数	针数	加减针
⑦	14针	加4针
⑥	10针	加4针
⑤	6针	加2针
④	4针	没有加减针
③	4针	减2针
②	6针	没有加减针
①	绕线环起针，钩6针短针	

使用钩针：4/0号

嘴巴

行数	针数	加减针
③	参照图解	
②	20针	没有加减针
①	9针锁针起针，参照图解钩20针	

使用钩针：4/0号

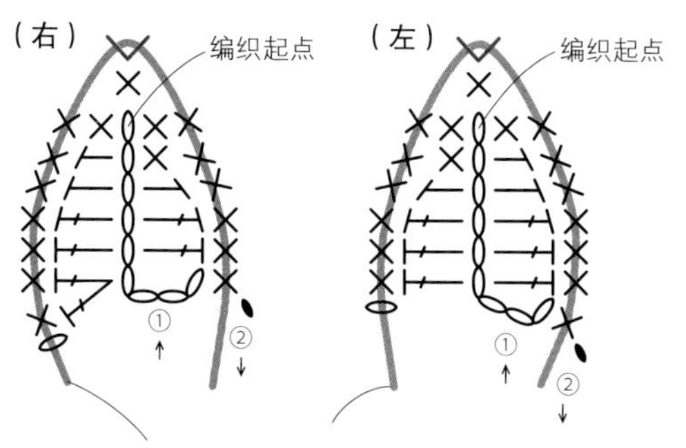

取15cm长的定形线对折，沿着耳朵的尖角形状包住定形线钩织

使用钩针：7.5/0号（耳朵外侧）、4/0号（耳朵内侧，不使用定形线）

钩针编织符号

锁针 钩针挂线，引拔钩出。

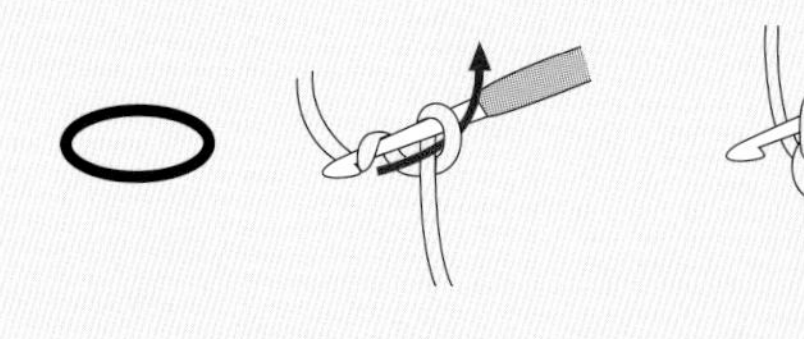
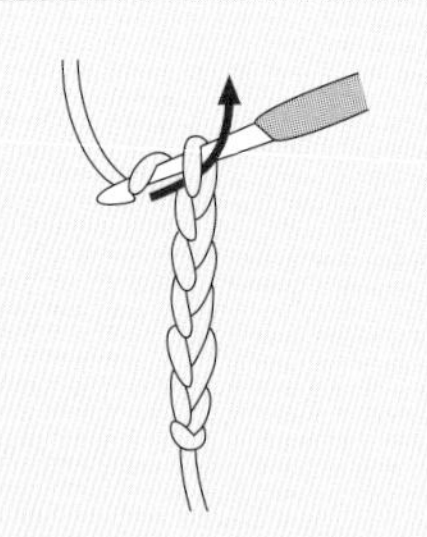

引拔针 钩针插入上一行的针目，挂线引拔钩出。

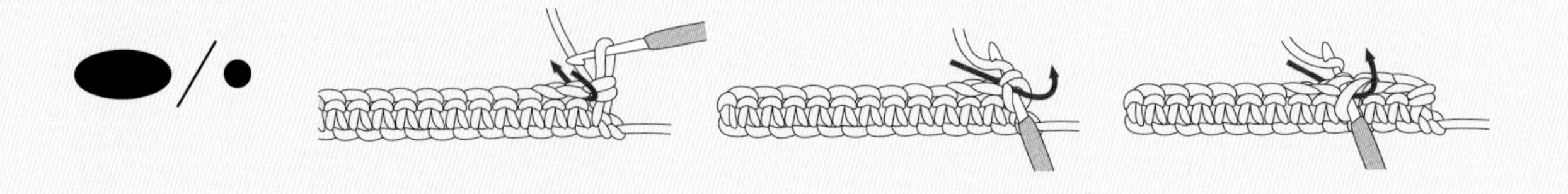

短针 立织 1 针锁针，这针锁针不计入针数。钩针插入上半针，挂线引拔。再次挂线，一次钩过针上 2 个线圈。

1 针放 2 针短针 在同一针目里钩 2 针短针。

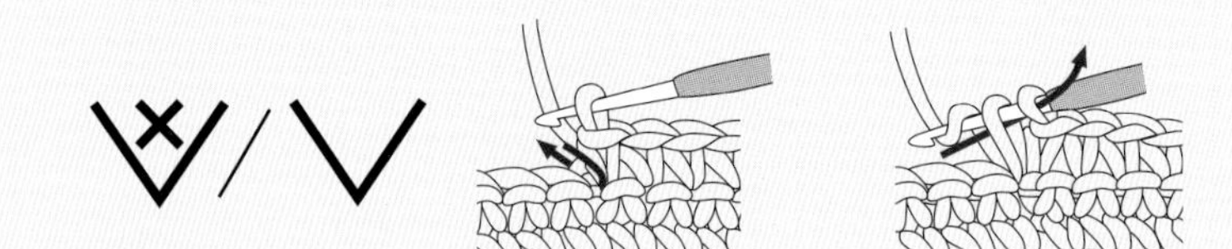
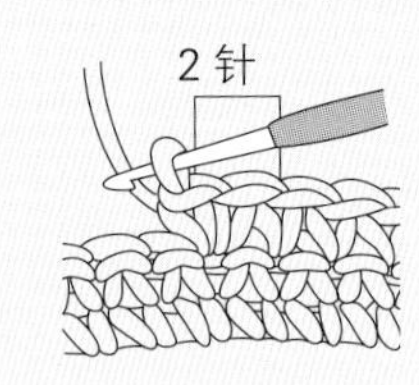

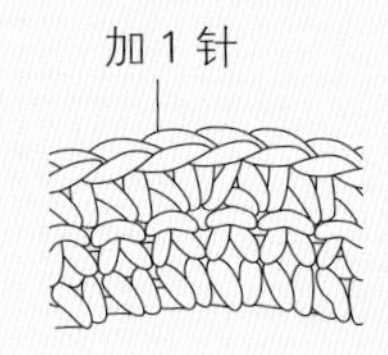

在同一针目里钩 3 针短针

在同一针目里钩 5 针短针

2 针短针并 1 针 钩针插入第 1 针针目，挂线引拔；再插入下一针针目，挂线引拔；最后再次挂线，一次钩过针上 3 个线圈。

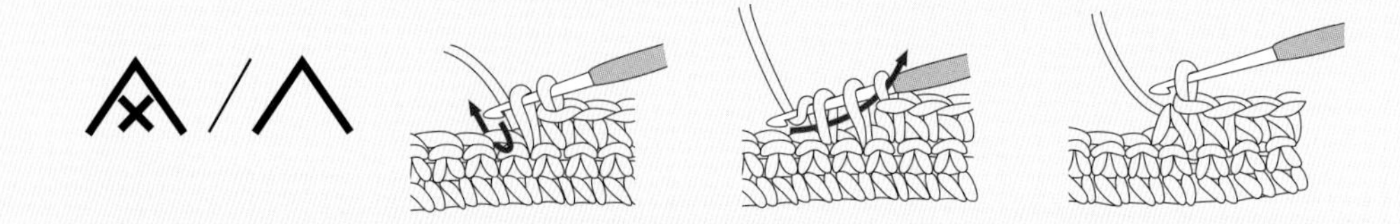

钩针插入第 1 针针目，挂线引拔；再一次插入第 2、3 针针目，挂线引拔；最后再次挂线，一次钩过针上 4 个线圈。

中长针　钩针挂线引拔，然后再次挂线，一次钩过针上 3 个线圈。

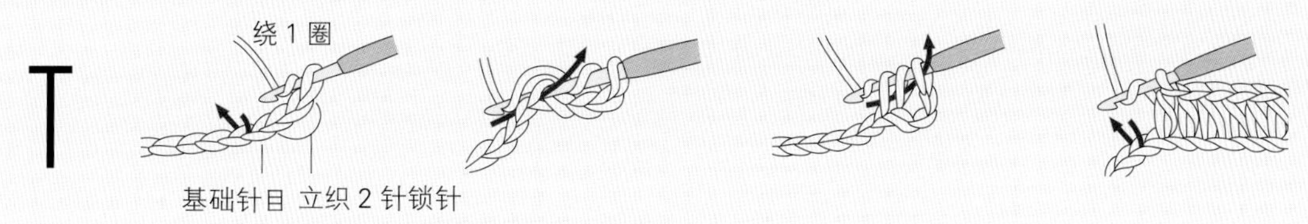

长针　钩针挂线引拔，最后重复 2 次挂线，一次钩过针上 2 个线圈。

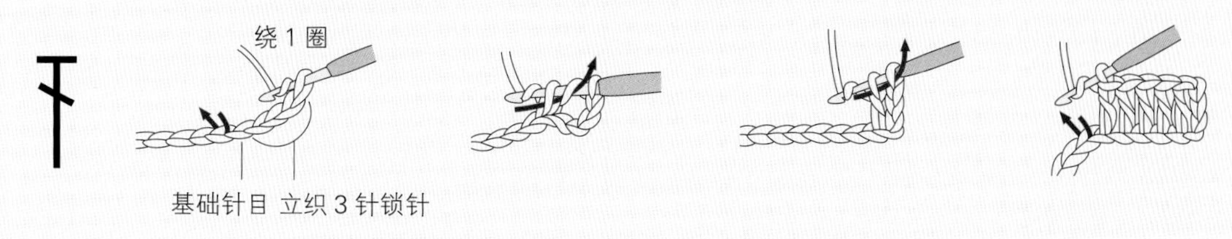

1 针放 2 针长针　在同一针目里钩 2 针长针。

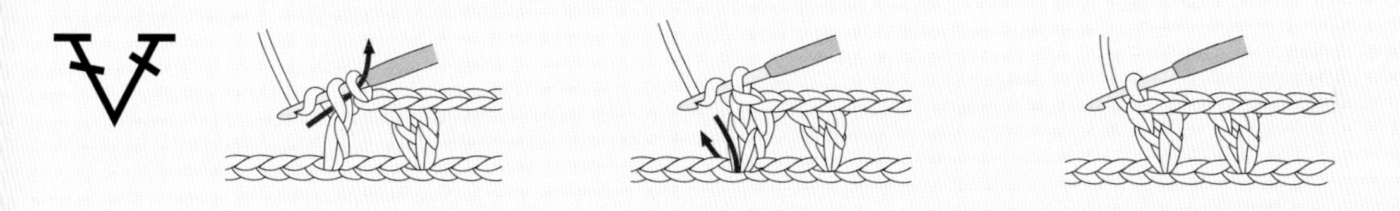

1 针放 2 针中长针　在同一针目里钩 2 针中长针。

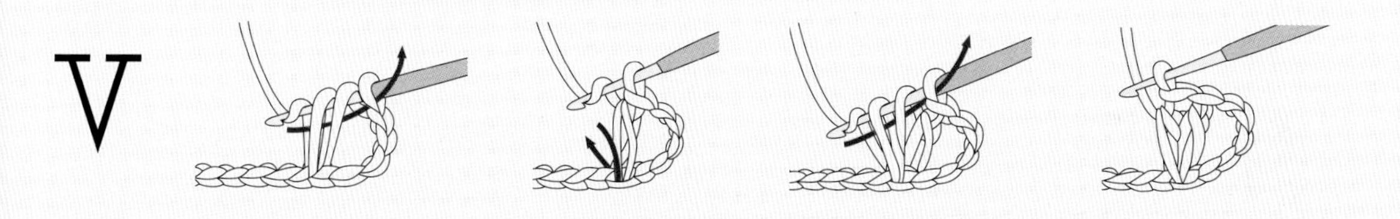

变化的 2 针中长针枣形针　在同一针目里钩 2 针未完成的中长针。
钩针挂线，沿着箭头方向引拔；最后再次挂线，一次钩过针上剩余的线圈。

真道美惠子

钩编作家

毕业于日本多摩美术大学日本画专业。紧紧抓住爱犬、爱猫的特征，原创出可爱的钩织玩偶，并提供定制服务。追求细节，用心制作独一无二的作品。在银座和吉祥寺开设“monpuppy”钩编教室。售卖钩织图纸，也提供网上课程。2016年起，每年开办个展。

备案号：豫著许可备字-2023-A-0167

图书在版编目（CIP）数据

超详解猫咪玩偶编织技法 / (日)真道美惠子著；项晓笈译. -- 郑州：河南科学技术出版社，2024.8. -- 978-7-5725-1619-1

Ⅰ. TS935.5

中国国家版本馆 CIP 数据核字第 2024RU1563 号

出版发行：河南科学技术出版社
地址：郑州市郑东新区祥盛街27号　　邮编：450016
电话：（0371）65737028　　65788613
网址：www.hnstp.cn
策划编辑：梁莹莹
责任编辑：梁莹莹
责任校对：崔春娟
封面设计：张　伟
责任印制：徐海东
印　　刷：郑州新海岸电脑彩色制印有限公司
经　　销：全国新华书店
开　　本：787 mm × 1 092 mm　1/16　　印张：6　　字数：210千字
版　　次：2024年8月第1版　　2024年8月第1次印刷
定　　价：59.00元
